JIANJIE 简介

　　本书重点介绍西南地区的自然地理概况及自然地理实习内容，适当涉及一些人文地理的相关内容。全书共分为三篇。第一篇为概论篇，简要介绍西南地区地理学野外综合实习的具体内容、组织程序及教学效果评价等。第二篇为基础理论篇，全面论述西南地区的地质、地貌、气候、水文、土壤、植被六大自然要素的基本特征。第三篇为分区实践篇，以西南地区最具特色、最经典的云南、攀枝花、峨眉山三大实习区为实践区域，详细介绍各实习区的概况及具体实习任务。

　　本书适合地理科学及相关专业的研究生、本科生使用，也可以作为高等院校、中学地理教师的教学和野外实习参考书。

扫码获取
本书数字资源

重庆市高等教育教学改革研究项目——
专业认证背景下"持续改进"理念的实施策略研究（193037）

高等学校规划教材

西南地区
自然地理野外实习指导

XI'NAN DIQU ZIRAN DILI YEWAI SHIXI ZHIDAO

主编 王勇 胡蓉

西南师范大学出版社
国家一级出版社 全国百佳图书出版单位

图书在版编目（CIP）数据

西南地区自然地理野外实习指导 / 王勇, 胡蓉主编
. — 重庆: 西南师范大学出版社, 2021.3
ISBN 978-7-5621-9878-9

Ⅰ.①西… Ⅱ.①王… ②胡… Ⅲ.①自然地理学 –
西南地区 – 实习 – 高等学校 – 教学参考资料 Ⅳ.
①P942.7-45

中国版本图书馆CIP数据核字(2019)第124403号

西南地区自然地理野外实习指导

王 勇 胡 蓉 主编

责任编辑：杨光明
责任校对：胡君梅
书籍设计：岚品视觉CASTALY 周 娟 钟 琛
排　　版：夏　洁
出版发行：西南师范大学出版社
印　　刷：重庆升光电力印刷有限公司
幅面尺寸：185mm×260mm
印　　张：10
字　　数：218千字
版　　次：2021年3月 第1版
印　　次：2021年3月 第1次印刷
书　　号：ISBN 978-7-5621-9878-9

定　　价：35.00元

 PREFACE 前 言

　　地理野外实践教学有助于培养学生的专业实践能力和创新能力。开展地理学野外实践教学工作是高校地理科学专业教学计划中的一个重要组成部分,是课堂教学的有益延续和有力补充。因此,地理学野外综合实习作为重要的地理野外实践教学形式,对于保障教学质量、培养地理学人才具有十分重要的意义。

　　本书所指西南地区包括重庆、四川、云南、贵州四省(市)。全区面积113.82万km2,约占全国总面积的11.85%。此区地处我国地势阶梯由第一级向第二级的过渡地带,区内地质地貌演化、植被土壤分布、气候水文特征十分复杂而典型,既具有明显的规律性,又具有西南地区的特殊性。此外,西南地区的少数民族文化、宗教文化等也极具特色。因此,西南地区是开展地理学野外实习的理想场所。

　　早在20世纪的50年代西南地区的云南、峨眉山及攀枝花等地就是西南大学地理科学专业的实习区域。西南大学在多年的实践教学中积累了大量第一手的地理学实习资料。2007年,在前人研究成果基础上,综合实习指导教师团队以西南地区自然地理及人文景观实习任务为线索,编写了《地理科学专业野外实习指导书》(铅印稿)。该讲义在西南大学内部已经使用十余年,取得了良好的教学效果。为补充近年来的地理实践教学和科学研究成果,丰富实习区的地理概况及任务内容,特编写《西南地区自然地理野外实习指导》。

　　本书重点介绍西南地区的自然地理概况及自然地理实习内容,适当涉及一些人文地理的相关内容。全书共分为三篇。第一篇为概论篇,简要介绍西南地区地理学野外综合实习的具体内容、组织程序及教学效果评价等。第二篇为基础理论篇,全面论述西南地区的地质、地貌、气候、

水文、土壤、植被六大自然要素的基本特征。第三篇为分区实践篇，以西南地区最具特色、最经典的云南、攀枝花、峨眉山三大实习区为实践区域，详细介绍各实习区的概况及具体实习任务。

本书由王勇、胡蓉主编，各章编写分工如下：第一章到第三章由王勇、胡蓉编写；第四章和第五章由胡蓉、吴泽编写；第六章和第七章由胡蓉、吕瑜良编写；第八章由王勇、刘川编写；第九章由王勇、任伟编写；第十章由王勇、沈立成编写。全书最后由胡蓉统稿，王勇审稿、定稿。

本书系西南大学"十三五"规划教材。在成书编写出版过程中，西南大学地理科学学院研究生冯敬菀、方莹、罗昭莹、孙荣、陶丽华、李阳、马晓娥进行了资料的收集，李维杰、郭尚龙、傅俐、杨彦昆进行了全书图件的清绘，西南师范大学出版社的编审人员为本书的出版付出了辛勤劳动，在此一并真诚致谢。同时，衷心感谢被收入本书的图片的原作者，由于条件有限暂时无法与部分原作者取得联系，恳请这些原作者与编者联系，以便付酬并奉送样书。

本书主要为西南地区自然地理学提供基础性资料，最新成果的引用尚显不足。同时，由于编者的学识局限性，书中不足之处在所难免，恳请读者和同仁批判指正。

西南大学地理科学学院

王勇

2021 年 3 月

目 录

第一篇　概论篇

第二篇　基础理论篇

第三篇　分区实践篇

第一篇 概论篇

GAILUNPIAN

第一章 地理学野外综合实习概论

第一节 地理学野外综合实习的必要性

地理学是一门研究地球表层自然要素与人文要素相互关系与作用的科学,是融自然科学与社会科学于一体的综合性学科。改革开放以来,我国地理学科发展迅速,各大高校纷纷开设地理科学、人文地理与城乡规划、地理信息科学等专业。同时,信息技术的发展、环境变化和可持续发展存在的问题使得国家对地理学人才培养质量的需求不断加强。

地理实践教学是培养学生专业实践能力和创新能力的重要环节,分为实验室教学和野外实践教学两大类,贯穿学科基础课程、专业发展课程和专业设计(毕业实习和毕业论文)等各个教学阶段。从创新意识培养、创新思维与研究方法训练和创新能力综合训练三个层次,加强对学生创新意识、创新思维和创新能力的培养。一方面,每个教学阶段根据教学内容及教学目标的不同各有侧重;另一方面,各个层次又相互渗透、相互交叉。

地理野外实践教学通过理论联系实际,加深学生对地理教学中基础知识和基本理论的理解和掌握,帮助学生掌握区域综合调查及分析的方法,培养学生发现问题、分析问题和解决问题的能力,对培养基础扎实、知识面宽、素质高、能力强、具有科研精神和科研能力的创新人才起到重要作用,具有内容丰富、形式多样的特点。但是,目前的地理野外实践教学仍然存在着诸多问题。例如:实习方法以老师讲、学生听,老师做、学生看为主,对学生自主操作能力训练不足;实习内容以验证课堂所学知识为主,对学生发现问题、解决问题的能力与创新能力训练不够;实习地点以基地为主,各地理要素相对独立,不同课程实习内容孤立,使得学生对自然地理环境整体性的认识不全面。

因此,地理学野外综合实习是十分必要的,其综合性体现在以下两个方面。

第一,区域选择。野外实习多分为基地模式和点线面(沿途考察)模式两种,综合实习属于后者。多数高校采用传统的基地模式,即选择地理现象比较典型、资料比较齐全的地区,经过长期建设积累,年复一年安排学生在此实习。点、线、面模式考察的地理要素相对全面,在具体的实施过程中,主张探索研究式实习,涉及的区域较多,实习时间更长。这样既可以弥补短途实习内容单一、知识负载量少、系统性不强之不足,还可以把各学科内容有机地结合起来进行综合分析,避免单科为主、各自为阵的局面。

第二,实习内容。实习内容体现在地质、地貌、土壤、植被、水文的高度综合,引导学生综合地掌握实习区域的自然地理特征。同时将人文地理调查与自然地理考察相结合,训练学生综合理解地理环境中人地关系问题,突出地理科学研究的核心问题。

第二节　实习目的与原则

一、实习目的

地理学野外综合实习最大的特点在于其综合性与实践性。加强学生的实际动手能力,进一步加深对各个学科基本理论的理解,熟悉掌握自然地理野外工作的基本方法和技能,重点培养学生的综合思维、整体区域认知和分析能力。

1.理论知识与应用

地理学野外综合实习作为课堂教学的延伸和继续,把理论和实践结合起来,一方面帮助学生加深对理论知识的理解;另一方面训练学生灵活运用理论知识解决实际问题的能力。通过野外综合实习,全面了解实习地区自然及人文经济地理特征,综合各地理要素对其形成过程进行分析,认识人类活动与地理环境之间的相互作用模式。

2.专业技能与方法

通过野外实习,训练学生认识地理问题的思路,促进学生对调研方法和专业技能的掌握。建立认识区域地理环境特征的一般思路,初步掌握地质、地貌、水文、土壤、植被等要素的观察、调查方法,能够对观察到的自然地理现象和事物进行成因分析,学会运用和绘制有关地理图表等。

3.专业态度与情怀

通过实地考察、测量、取样,培养学生关注细节、求真务实、科学审慎的科研态度。通过运用专业知识发现问题、解决问题,帮助学生树立自信。通过亲身体验祖国美丽山河、文化传统和历史遗迹,激发学生的爱国热情和民族自豪感。在实习中培养学生团结协作、勇于探索的精神品质。

二、实习原则

学生在课堂上所学到的地理专业知识,大都是抽象的。由于没有直接观察到研究对象,因此对所学内容的理解常常是肤浅或不准确的。只有进行野外实践教学活动,才能使课堂上所学到的知识得到印证,从而加深对问题的理解和记忆,并提高学生的地理思维能力。同时,它也是让学生掌握研究方法的一个独立的教学环节,对于培养学生创新能力、互动能力和科学研究能力,帮助学生树立理论联系实践的学风,具有十分重要的作用。因此,地理学野外综合实习过程中,应遵循以下原则:

第一,综合性原则。实习内容设计应注重体现地理学科综合性的特点,体现地质、地貌、土壤、植被、水文的高度综合,突出人类活动与地理环境的相互影响,训练学生理解地理环境中各种现象的综合作用,突出地理科学研究的核心问题。

第二,应用性原则。在野外实习指导教师的引导下,发挥学生的主体作用,将"灌输式"变为"探究式",充分体现"教学做合一"的教育思想。通过野外实践获得数据,综合分析研究地理要素特征、规律以及地理要素间的内在联系,达到科学思维与创新能力培养的目的。

第三,区域性原则。为了实习内容的全面性和代表性,选择的实习线路应该反映地理特征的全面性、多样性、集中性。通过典型区域地理野外实习,能够在较小的空间范围内较全面地观察和分析主要地理要素特征及其规律。

第四,创新性原则。教学目的不能局限于课本理论知识的验证、重复,教学方法上提倡研究性学习、过程性学习,通过地理野外实践教学的实施,培养学生的问题意识,巩固深化课堂理论知识,让学生在有限的时间内充分认识自然地理环境和各种地理要素,通过解决复杂问题培养创新意识与能力。

第三节　实习内容与组织程序

一、实习内容

西南地区综合地理实习内容涉及地理专业本科阶段所学各专业科目。涵盖地质学、地貌学、气象与气候学、水文学、植物地理学、土壤地理学等自然地理学科,以及城市地理学、农业地理学、经济地理学、文化地理学等人文地理学科。具体包括以下几个方面:

(1)西南地区区域自然地理特征。包括主要地质基础、地貌特征及演化、气候特征、水文水系特征、土壤类型及分布、植物类型及分布等。

（2）云南高原自然地理特征及典型地理事项（路南石林、九乡溶洞、西山滇池）。

（3）昆明市城市地理特征、云南民族村民俗文化。

（4）攀枝花地区的自然地理特征、人类经济活动（农业、工业）的发展现状。

（5）峨眉山自然地理特征、历史文化和旅游资源。

设计实习路线及参考点如下（图1-1）。

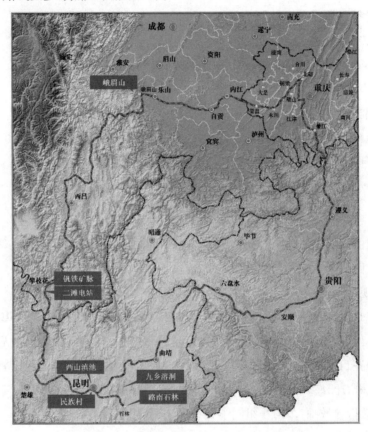

图1-1　西南地区实习线路示意图

二、实习的组织程序

野外实习分为行前准备、野外调查、总结反思三个阶段。

1.行前准备阶段

（1）组织安排

实习指导教师根据实习内容要求及实际情况选定野外实习路线及具体实习地点，预查和制订实习计划（包括人员组织安排、目的要求、实习内容、基本方法、步骤、日程安排、人员分组等）。

（2）总动员及授课

指导教师讲授实习地区概况和实习内容，组织学生学习实习指导书，明确实习目的，规范实习纪律。指导学生预习并收集查阅实习地区的有关地质、地貌、气候、水文、土壤、植物、动物以及人类经济活动状况的历史和现状等有关文献资料和图件，包括调查报告、论文、专著、各种专题地图等。让学生对实习地区的地理环境有一个基本的了解，以便在野外学习中独立观察判断。

（3）仪器装备

准备好必需的仪器用品和装备，例如气压表、望远镜、地质罗盘、地质锤、放大镜、测尺、标本夹、样品袋、土铲、标签、铅笔、笔记本等。

（4）图件准备

准备一套比较完整的实习地区专题地图，如地形图、地形剖面图、地质图、交通图、遥感影像图、垂直自然带谱图等。

2.野外调查阶段

按照拟定的实习路线，沿途选择典型地点进行全面详细准确的自然地理调查；采集土壤、植物标本，做记录，画草图，进行初步研究。

（1）沿途观察

野外实习是培养学生实践能力和技能的重要手段，为以后独立工作打基础。因此，要求学生养成良好的"五勤"习惯：一是腿要勤，多走一些路，自然环境是变化无穷的，多走路就能多观察一些自然现象；二是眼要勤，多观察，多搜索，善于发现问题；三是手要勤，多亲自动手摸、采、碾、压，感觉和判断差异；四是脑要勤，多联系课堂知识进行思考和比较；五是口要勤，多请教指导教师，多与小组同学交流想法，互相学习。

（2）实习记录

实习记录是实习的最基础成果，为编写实习报告提供第一手资料。要求及时、具体、明确地在实习笔记上记录下观察到的现象，描述力求准确。记录的内容包括观测时间（年、月、日、时）、观测地点、天气状况、观察现象描述、剖面及草图绘制等。

（3）样品采集

野外综合实习一般时间长，路线长，内容多，装备条件有限，因此往往对一些现象、地物观察鉴别不细致，或一时难以鉴别，故需要采样（如土壤标本、植物标本、水样等）带回实验室进行分析鉴定。采样要求操作规范，选取样品典型完整，标签一致。

（4）综合分析

自然地理实习带有综合性质，是从要素观察、描述开始，到综合、分析、归纳、总结。因为各种自然现象相互联系、相互制约，实习中要注意观察分析，积极思考，提出创新性问题，尝试提出干预、改造、开发及利用的建议和措施。

3.总结反思阶段

在野外实习过程中,学生应根据沿途观察及所思所想做好实习日志记录。实习完毕返校后,结合实习资料完成全面的野外综合实习报告,并根据个人意向进行相关专题的研究。具体内容如下:

(1)整理并归类所有标本、样品、调查问卷、观察量表、照片、手绘草图等,保证材料完整、编号一致。

(2)在实验室对标本、样品类材料进行规范处理,对调查问卷类材料进行计算机录入及数据分析。

(3)根据实习记录及材料,查阅相关资料,撰写野外综合实习报告;

(4)学生依据实习沿途的心得及个人意向选择研究方向,利用实习材料,广泛查阅学习相关文献及专著,撰写论文。

第四节　实习教学效果评价与注意事项

一、教学效果评价

合理的考核评价会激发学生的实习热情,提高实习效果。根据对野外实习过程中的表现、态度、方法和技能的掌握情况,观察和分析问题、解决问题、合作和组织能力等方面进行考核评价,再结合实习报告的撰写内容和水平,构建综合实习效果考核体系。

1.评价原则

(1)过程与结果并重

关注过程可以有效地帮助学生在实习过程中形成积极的学习态度、科学的探究精神,注重学生在实习过程中的情感体验、价值观的形成。避免只注重检查和总结学生的实习报告,而忽视获取知识和掌握技能的过程。

(2)教师评价与学生自评相结合

让学生进行自我评价,可以提高学生的主体地位,实现学生的自我反思、自我教育和自我发展。指导教师也应对照实习任务和目标对学生及时评价,并把信息反馈给学生,使学生发扬优点,改正错误。

（3）定性与定量相结合

野外实习中对学生的实习成果、采集的标本多少、出勤情况等可以量化考核，学生的态度、表现、主动性、创造性等方面则宜用定性评价，这样才可以保证评价的客观性和全面性。

2.评价方法

从过程与结果两个方面选取了10项评价指标（表1-1），具体如下。

过程评价包括8个指标：

①实习态度与意志品质：学生对实习目的、任务和要求明确，实习态度端正，能吃苦耐劳。

②团结协作意识：实习过程中，在学习、工作、生活等方面与他人互帮互助，集体、组织观念情况。

③专业知识素养：专业理论知识是否扎实，是否具备严谨、求实的科研素养。

④地理观察能力：对地理事象有目的、有计划的知觉能力以及认知方式等情况。

⑤实验操作能力：对实习仪器和工具的使用熟练程度及操作规范性，识图、绘图能力。

⑥分析归纳总结能力：对观察到的地理事象进行分析归纳以及解决问题的能力。

⑦野外记录：是否准确记录实习地点、实习内容、每日实习体会与收获，是否语言通顺、专业术语恰当。

⑧发言积极性：在实习中是否积极参与讨论并提出自己的观点。

成果评价包括2个指标：

①实习报告撰写：要求正确反映实习内容，内容充实，层次分明，条理清晰，系统全面，语言规范，有较高专业水平，对实习内容领会深刻；

②实习标本成果：学生按实习任务要求提交实习标本成果，比如在土壤剖面观测后提交土样，水文观测后提交水样等。

为克服传统评价中评价主体单一的不足，实际评价要求由自评和指导教师评价两部分组成。各评价主体依照评价指标进行赋分，最后将各评价主体对二级指标的赋分相加，再分别乘以各评价主体权重，相加得出评价成绩。

表1-1　实习成绩评价简表

项目	评价指标	分值	自评	指导教师评价
过程评价（50）	实习态度与意志品质	5		
	团结协作意识	5		
	专业知识素养	10		
	地理观察能力	5		

项目	评价指标	分值	自评	指导教师评价
	实验操作能力	5		
	分析归纳总结能力	10		
	野外记录	5		
	发言积极性	5		
成果评价(50)	实习报告撰写	30		
	实习标本成果	20		
评价得分			S_s	S_t
最终实习成绩 $S_总 = S_s \times 0.2 + S_t \times 0.8$				

二、实习注意事项

　　野外综合实习是整个教学活动中的一个重要环节,是教学过程的一部分,必须按教学计划及教学内容严格执行和组织实施。在形式上,实习教学与理论教学不同,但要求是一样的。实习教学时,教师既要讲授和解释实际的地理事物和现象的外部表现、物质组成、发生发展过程、特征标志、存在问题,还要引导和启发学生观察、综合分析地理现象,激发学生的能动性、创造性,以达到教学目的。

　　为保证野外综合实习教学质量、人身安全,必须在严明的组织纪律下进行。制订和不断完善实习纪律,严而告知,随时提醒。具体注意事项如下:

　　(1)每天依据当日行程制订时间表,全体人员应准时出发,避免迟到;

　　(2)学生应认真聆听教学讲解,仔细做好野外记录;

　　(3)在教学活动点不得随意干扰正常教学工作;

　　(4)严谨私自离队或攀登悬崖峭壁,不得在水体里游泳、划船,严禁冒险;

　　(5)爱护风景区内公共财物,不准随地涂鸦,不摘损一草一木;

　　(6)讲文明礼貌,避免发生吵架、打架行为,树立良好的大学生形象;

　　(7)妥善保管个人财产及公用实验器材,避免损坏、丢失;

　　(8)同学之间、师生之间相互尊重,团结友爱,互相帮助。

思考题

1. 分析地理学野外综合实习对地理学人才培养的作用。

2. 如何有效评价地理学野外综合实习效果?

3. 西南地区地理综合实习区的主要实习内容是什么?

参考文献

[1] 刘贤赵,王庆.自然地理野外实习改革[J].实验室研究与探索,2003(06):36-37,63.

[2] 孙贤斌,张广胜,谭绿贵.基于能力培养的自然地理野外实习教学改革研究[J].中国地质教育,2015,24(01):126-128.

[3] 杨士弘.自然地理学实验与实习[M].北京:科学出版社,2002.

[4] 于法展,张志华.庐山自然地理野外实习的教学模式与教学效果评价[J].高师理科学刊,2007(02):102-106.

[5] 赵媛,韩雪珍,诸嘉.地理野外实践教学模式初探[J].实验室研究与探索,2006(02):238-240.

[6] 朱永恒,程久苗.庐山地区自然地理野外实习指导[M].合肥:安徽人民出版社,2008.

第二篇　基础理论篇

JICHULILUNPIAN

第二章 西南地区地质概况

第一节 大地构造单元

西南地区分属五个一级大地构造单元,分别是扬子准地台、松潘—甘孜地槽褶皱系、三江地槽褶皱系、冈底斯—念青唐古拉褶皱系和华南褶皱系(表2-1)。

表2-1 西南地区大地构造简表

一级	二级	三级
扬子准地台	摩天岭台隆	
	龙门山—大巴山台缘褶皱带	龙门山断褶束 汉南台拱 大巴山断褶束
	丽江—盐源台缘褶皱带	
	康滇地轴	
	四川(中)台拗	川西台陷 川北台陷 川中台拱 川东褶皱束
	上扬子台褶皱带	川东南—黔东北陷褶束 大娄山陷褶束 峨眉山断块 凉山陷断束 美姑—金阳陷断束 正安—遵义褶断束 黔中拱断束 黔南拱断束 黔西南陷断束 黔西北—滇东北陷断束

一级	二级	三级
	江南台隆	
松潘—甘孜地槽褶皱系	后龙门山冒地槽褶皱带	
	玉树—义敦优地槽褶皱带	中咱地背斜带 义敦地向斜带 邓柯—木里地背斜带
	巴颜喀拉冒地槽褶皱带	石渠—雅江地向斜带 炉霍—乾宁地背斜带 李伍地背斜带 马尔康地向斜带 若尔盖中间地块
三江地槽褶皱系	金沙江(江达—巴塘)优地槽褶皱带	
	保山褶皱带	
	澜沧江褶皱带	
	兰坪—思茅拗陷	
	哀牢山褶皱带	
冈底斯—念青唐古拉褶皱系	腾冲褶皱带	
华南褶皱系	右江褶皱带	

注:有的因面积过小或资料不足,未划出第三级。

(资料来源:杨宗干,赵汝植.重庆:西南区自然地理,1994)

一、扬子准地台

西南地区仅占有扬子准地台的西半部,西北以龙门山深断裂及金河—箐河—木里深断裂与松潘—甘孜地槽褶皱系为界;西南以金沙江—元江深断裂与三江地槽褶皱系相分;北以城口—房县深断裂与秦岭褶皱系为邻;南以南盘江(弥勒—师宗)深断裂与华南褶皱系相隔。地台的基底岩系,仅出露于地台边缘的隆起带,如康滇地轴的昆阳群、会理群、康定杂岩;龙门山区的宝兴杂岩,彭灌杂岩和黔东板溪群等。内部则未见出露,但据钻探资料,证实古老基底岩系的存在。按基底性质,可分为三类型:一为前震旦纪优地槽建造,可以会理群下部为代表,见于康滇地轴和龙门山南段,属古岛弧和弧前海沟建造;二为广泛发育于四川盆地基底,刚度较大,可能属古陆核,如峨眉山混合质花岗岩;三为岛弧后盆地冒地槽型建造,刚度较弱,如板溪群。扬子准地台形成于晚元古代末扬子旋回,主要构造运动为晋宁运动,它使板溪群及同时代岩系都受到褶皱、变质,并伴有中酸性岩浆活动。地台基底岩石的同位素年龄以7亿~12亿年的居多,少数可大于19亿年,米易垭口岩体大于27亿年。这反映了地台的演化过程不仅包括元古代,还可上溯到太古代。晋宁运动使地台褶皱为高耸山脉,其后经长期侵蚀剥蚀,达到准平原化。到晚震旦世海侵,开始地台的盖层建造。

扬子准地台的盖层建造发育良好,震旦系至志留系广泛分布全区。泥盆系至中三叠统,下段泥盆系至下石炭统,主要分布于地台西部边缘山地如龙门山;中段中、上泥盆统至二叠系,主要为碳酸盐建造,岩相稳定,除川中外,分布广泛,为重要成煤期,川西、滇东、黔西有大规模玄武岩喷发;上段三叠系,下部在地台西半部为滨海—浅海相页岩泥灰岩建造,东半部为碳酸盐建造,中部为泻湖相及红色岩建造,表明海水逐渐退出。晚三叠世以来,地台进入活化阶段,除西部尚有海陆交互相沉积外,其余均为陆相沉积,为另一重要煤建造期。侏罗白垩系主要为红色建造,形成著名的四川红色盆地和滇中红色盆地。晚三叠世以来地台经历了十分强烈的构造运动,印支运动使龙门山地区发生强烈褶皱、逆掩,康滇地轴则有强烈的中酸性岩浆活动。燕山运动为古生代以来,地台所经历的最强烈的构造运动,发生广泛的地台盖层褶皱。

西南地区的扬子准地台可分为七个二级区及若干三级区,见表2-1。

二、松潘—甘孜地槽褶皱系

松潘—甘孜地槽褶皱系,位于四川西北部,其范围相当于巴颜喀拉微板块。在玛沁—略阳深断裂以南,龙门山深断裂以西,金沙江—元江深断裂以东以北,总体呈倒置三角形,是一个印支期地槽褶皱系。古生代开始形成地槽,全区多被三叠系地槽沉积所覆盖,古生界仅出露于邻接扬子准地台的东部边缘地带。到三叠纪晚期逐渐封闭转化为褶皱系。它的内部发育情况可分为三个二级区以及若干个三级区,见表2-1。

三、三江地槽褶皱系

三江地槽褶皱系发育于金沙江—元江、澜沧江、怒江之间,占有滇南、藏东、川西、滇西等省区的一部分,属印支地槽褶皱系。大致相当于昌都微板块和保山微板块。它经历过极为复杂的发育历史。哀牢山、澜沧江等变质岩系可能属元古代至中寒武世褶皱构造的产物,它们构成了三江地槽的基底。古生代时期,三江大部分处于较稳定的准地台状态,有浅海相沉积。早古生代的地槽带则分别沿金沙江西侧和哀牢山西侧延展,至晚加里东期成为褶皱带。之后,沿金沙江西岸又发育为晚古生代的优地槽带,出露有蛇绿岩套。三江褶皱系的优、冒地槽相间的构造格局,则主要为印支期以来形成的。深陷的地槽带大致沿金沙江—元江、澜沧江、怒江等深断裂带伸展,有巨厚的三叠系地槽型火山—沉积建造。地槽带之间的保山、兰坪—思茅、昌都等地则为相对隆起地带,印支运动为地槽系的主褶皱带,几条沿深断裂带展布的地槽均遭强烈褶皱,而昌都—兰坪—思茅一带则剧烈下陷,沉积了著名的滇西红层和昌都红层。中生代的构造运动还使断裂带的岩浆活动、变质作用十分活跃,形成滇西著名的三大变质带和成矿带。喜山运动后,红层也遭到褶皱。西南地区的三江地槽褶皱系可次分为五个二级单元(表2-1)。

四、冈底斯—念青唐古拉褶皱系

在西南地区仅分布于怒江深断裂以西一小块地区,即腾冲褶皱带,属晚燕山褶皱系。龙陵地区出露有较古老的变质岩系,时代不明,可能是它的结晶基底。奥陶系—志留系沉积分布广泛,显示带有稳定型沉积特点,于晚白垩世地槽褶皱封闭。

五、华南褶皱系

在西南地区仅有滇东南一小块和黔西南边缘狭带。分布于元江深断裂以东,上扬子台褶带以南,属印支褶皱带。古生代时,右江地区处于华南加里东地槽与扬子准地台的过渡地带,也曾经发育为地槽,有磷酸盐建造。经加里东运动,进入地台发展阶段,有一套可代表地台型的沉积建造,但活动性较大。三叠纪时,再度转化为地槽,有复理石、硬砂岩、火山碎屑岩等建造。印支运动使地槽再度褶皱发育为复式向斜。滇东南及黔西南则直至晚三叠世才被完全褶皱成陆,其时代较之华南褶皱系的其他部分较晚,这和它正处于滨太平洋和特提斯—喜马拉雅两大构造域的构造复合部位有关。

第二节　地质构造特征

西南地区川、滇、黔、渝及其邻区境内地质构造比较复杂,综合概括起来,具有以下几个特征。

一、地质构造的复杂性

从板块构造学说、槽台学说的观点来看,西南地区的地质构造的复杂性在全国都很少见,可以称得上是全国地质构造的一个"缩影"。虽然该地区的地质构造较为复杂,但其结构有序,独具一格。从板块构造的角度来说,龙门山断裂带、金河—箐河断裂和元江红河断裂带很有可能是一条板块缝合线,自此分为东西两个方向,板块符合亚欧板块的发育过程,排列和发育都十分有序。从槽台学说的角度来说,上述断裂带也同样重要。断裂带以东属于地台构造,构造体系主要是华夏系和新华夏系;断裂带以西属于地槽构造,构造体系主要是"歹"字形构造。两大构造体系聚合、联合或者相互交切。这种构造格局,显示了构造发展过程中力源的统一性。

形成这一特征的主要原因是该地区地处各种构造、构造型式的交接地带。首先,该地区处于亚欧板块、印度洋板块和太平洋板块之间,受到这些板块不同时期不同程度的俯冲、挤压、碰撞的影响。其次,境内还可以划分为不同层级的小板块或者小地块。最后,从槽台说来看,它处于扬子地台、秦岭褶皱系、华南褶皱系、滇藏青褶皱系等性质迥异的构造大单元之间,所以构造特别复杂。

二、地质构造的古老性和多样性

西南地区地质构造历史悠久,在我国南方较为少见。马杏垣等把我国早期地台的发育划分为太古界阜平期(30亿~25亿年前)的"萌地台"、早元古界五台期(25亿~20亿年前)的"雏地台"和吕梁期(18亿~17亿年前)的"原地台"三个阶段。四川省东部在当时是我国少数几个"萌地台""雏地台"和"原地台"之一。后来它发育为上扬子地台,成为扬子地台的基础。

晋宁运动(10亿~8亿年前)后,围绕在四川原地台西南部的活动带发育了康滇地轴,这便是"康滇地形"的雏形。

三、地质构造的纵深性

综上所述,西南地区的地质构造由东西两个性质迥异的单元所组成,而它们又各自由大小不等、级序不同的次级构造单元所组成。通过重力异常测算得知,这些单元与地壳的深部构造大致相吻合。特别是地质等深线密集的地区,往往是地壳主要断裂带所在。

思考题

1. 西南地区包括几个一级大地构造单元？
2. 西南地区地质构造有哪些特征？

参考文献

[1] 杨宗干,赵汝植.西南区自然地理[M].重庆:西南师范大学出版社,1994.

[2] 何太蓉,郭跃.四川盆地及其邻区地理学野外综合实习指导教程[M].北京:科学出版社,2017.

[3] 马杏垣.重力构造概述[M].北京:科学出版社,1982.

第三章　西南地区地貌概况

第一节　地貌总体特征

西南地区坐落在我国地势阶梯的第一级和第二级上,总的地势趋势是西北高,东南低,由北向南、由西向东逐渐降低。区域内地势起伏悬殊,高差大,地貌演变和分布有明显的规律性。本区地貌主要有四大特征。

一、地貌格局深受构造控制

西南地区地貌主要是由山地、高原和盆地组成,但它的地域组合和分布深受构造所控制。从宏观地貌组合看,主要受大地构造的制约。西南地区东部扬子准地台的北部四川台拗形成四川盆地;南部上扬子台褶带变为贵州高原;东南一隅的江南古陆则成为黔东南山地。西南地区西部的松潘—甘孜褶皱系和三江褶皱系,则分别形成巨大的高原和山地。

山脉是地貌的骨架,西南地区山脉的分布多深受各类型构造体系的制约,并间接影响到其他地貌类型的分布和形态。最明显的是川滇南北向构造,形成一系列南北向山地和峡谷。南北向构造以东,主要受华夏、新华夏向构造影响,山脉和其间盆地、谷地多作北北东向或北东向延展。南北向构造以西,川滇西部主要受巨大的"歹"字形构造控制,山脉自北西向南东作扫帚状或呈掌状散开,其间则为山间谷地、盆地。川西北则为受华夏向和西域向两组构造交互切割的高原和山原。在上述构造体系之间,还穿插一个巨大的云南"山"字形构造,影响到滇中—黔西山脉的分布。

各级断裂带对地貌的形成和发育亦具有明显的影响。它们往往既是构造单元又是地貌单元的边界。从宏观看,断裂带把四川盆地、贵州高原都切割成菱形。从总体看,云南高原亦被切割成菱形,但被川滇南北向断裂一分为二,分别呈向东和向西的两个三角形。西南地区断裂构造十分发育,它对宏观地貌至微观地貌的影响,几乎到处都可以看到。

板块构造运动,对西南地区地貌的形成、演变、发育亦同样影响深重。晋宁运动后出现鄂川滇岛弧构造,它是西南地区最原始的地貌形态。以它为陆核,经历漫长的地质时期,不断进行离陆向洋扩展,终于形成今天的西南地区大陆,并到处还可以看到板块运动在地貌发育过程中留下的形迹。最明显的是横断山地的形成,已被公认是和印度洋板块向欧亚板块碰撞有密切关系。再则以上所提及的几条板块俯冲带,大都是俯冲一侧成断裂带,被冲一侧则成高山带或隆起带,两者紧密伴生,高山深谷高低悬殊。

此外,不同构造具有不同岩性。川滇西部地槽褶皱带多岩浆岩、变质岩,由于岩性坚硬,易形成矗立的高山巨岭;古生代受长期海侵的上扬子台褶皱带,碳酸盐类岩分布广而深厚,普遍发育有喀斯特地貌;接受中生代红层的四川中台拗和滇中拗陷,由于岩性松软,则被侵蚀切割成起伏如波的红色丘陵地等。

构造对西南地区地貌发育的影响,源远流长,但对现代地貌影响最深刻的则是中生代。特别是燕山运动以来的构造运动。它使西南地区的构造地貌在地貌分类中占有极重要地位,类型也较多。有燕山运动隆起、喜山运动大幅度上升的山原,如川西北山原;有燕山运动隆起、喜山运动大幅度上升的褶断山地,如川西滇北山地;有燕山运动隆起、喜山运动上升的褶皱山地和丘陵,如滇西、川西南、黔西南—黔北—川东南山地、川北和川东山地等;有燕山运动隆起、喜山运动上升的高原,如滇东—黔西高原;还有燕山运动拗陷、喜山运动回升的高原,如滇中高原(金沙江断裂带以南、红河断裂带以东迄川滇南北断裂带之间)和燕山运动以来的沉陷平原,如成都平原和大量局部山间断陷盆谷平原等。

二、地势起伏大、分层显著

全西南地区的地势变化是北高南低,西高东低,从北到南、从西到东逐级下降。川西平均海拔,石渠、色达一带丘状高原为4500~4700 m;甘孜、道孚、康定以南为4000~4500 m;沙鲁里山原为4500~4700 m,一直延伸至滇西北亦多超过4000 m高峰;更南在滇境内丽江、剑川、巧家一带为3000~3400 m;大理、滇中一带为2100~2500 m;元江、思茅等地为1300~1500 m;滇南各大河河谷平原为500 m以下。

自西而东,地势亦有逐级下降趋势。自川西和滇西北山地的4000~4500 m,至川西南、滇北山地降为3000~4000 m;更东在滇东北宣威迄黔西北威宁、赫章、水城一带为2000~2400 m;黔中贵阳、安顺、瓮安一带为1000~1400 m;黔东镇远以东为500~800 m。

地势起伏大是本区地貌的又一特色。区内5000~6000 m以上高峰众多,最高峰为贡嘎山,海拔7556 m,次高峰为梅里雪山南段太子山的主峰卡格薄峰,海拔6740 m。而川东巫山县长江河面仅有80 m,滇南元江与南溪河交汇处仅有76.4 m,黔东南黎平县都柳江出省处也只有137 m。最高点和最低点的绝对高差有7479.6 m;贡嘎山和大渡河谷相距仅29 km,高差竟达6400 m;滇北丽江玉龙雪山5596 m,壁立的陡崖直插虎跳峡江畔,高差亦达4000 m。可见境内地势地貌的高低悬殊,山高谷深岭峻坡陡、变化急骤,实属罕见。

三、河流纵横、峡谷广布

亚洲大河中黄河、长江、伊洛瓦底江、怒江(萨尔温江)、澜沧江(湄公河)、元江、西江或则干流、或则支流、或则上游都经流西南地区。全区拥有七大著名河流流域,这也是罕见的。由于地势和断裂构造的影响,河流的作用均以下切为主,多切成深邃的峡谷。各河主要峡谷河段大致分布如下:岷江干支流漳腊以下;大渡河干流及上游的支流独(杜)柯河壤塘以下、色曲河翁达以下,麻尔柯河班玛以下、梭磨河刷经寺以下;雅砻江干流甘孜以下、支流鲜水河大塘坝以下、理塘河呷注以下;金沙江白玉以下;澜沧江德钦至临沧;把边江景东至江城以北;红河元江以下;南盘江开远以上及乌江思南以上等河段。中间虽然也经过一些宽谷盆地,但河谷形态以峡谷为主,往往连亘分布不断,在川西、滇西尤为显著。那里切割深度从谷肩(缘)到谷底可达2000~3000 m,甚至4000 m以上,较浅的也达1200~1500 m。谷坡断崖悬壁,谷底狭窄,有的宽仅数十米,一般300~400 m以上,很少超过500 m的。当地居民用"仰望山连山,俯瞰江如线"来形容峡谷的险峻。此外,川江切过川东平行岭谷和巫山;嘉陵江上游切过龙门山、米仓山,下游切过川东平行岭谷以及岷江下游切过龙泉山等都形成峡谷,有著名的长江三峡和嘉陵江、岷江小三峡。总之峡谷分布广泛,并多连绵延展极长,仅金沙江峡谷段总长即超过1000 km,估计全区峡谷河段总长不下2500 km,故成为西南地区地貌上的另一特色。

四、地貌类型复杂多样

西南地区地貌地形复杂多样,发育分布有山地、丘陵、高原、盆地、等基本的地貌类型。整体地貌以山地和丘陵为主,如云南省和贵州省的山地和丘陵面积就分别占了本省面积的93.6%和92.5%。

西南地区还广泛分布着喀斯特地貌、红层地貌、火山地貌、河谷地貌、盆地地貌、泥石流地貌,可见西南地区地貌类型复杂多样。

第二节　地貌形成主要因素

一、大地构造与地貌格局

地貌格局深受大地构造影响,如四川盆地可以明显分为东部地台区和西部地槽区。东部地台区以巨大的菱形构造盆地—四川台向斜为主体,与盆地的地形轮廓相吻合。盆地基底性质不一,因此形成不同的地貌单元。东部基底硬化程度低,中生代盖层较厚,形成了一系列北东走向、向斜开阔、背斜狭窄的格挡式褶皱构造。北段平行排列,往南部逐渐呈帚状散开,其地貌表现是窄而呈条状的山地与宽而平缓的丘陵谷地相间的盆东平行岭谷。中部基地较为稳定,中生代盖层较厚,构造平缓,地貌表现为一个较大的穹窿山地和大面积的方山丘陵。西部由于边缘基底断裂,形成凹陷,发育在这个凹陷基础上的成都平原,其延展方向受到龙门山断裂带控制,发育了数百米厚的新生代堆积。

二、岩性对地貌发育的影响

区域内构成地貌的岩石种类复杂,既有坚硬岩石,也有相当年轻的松散沉积物,各种岩石在理化上的性质差异、地貌发育史上经历的不同作用和承受内外营力的过程中,产生了地貌形态的差异。所以在西南地区地貌形态发育中,岩性起着重大作用。

本区大面积分布的碳酸盐岩,由于湿热的气候,发育了漏斗、洼地、溶洞、暗河、竖井等喀斯特地貌。另外广泛分布于西部山地的花岗岩、玄武岩等岩浆岩也是组成山地的重要物质,这些岩石的抗蚀力较强,对地貌形态的影响也比较大,多形成陡崖、峡谷急流。此外本区还分布着较松散的砂质页岩,易形成较为开阔的河谷和低矮的山岭,在新构造运动的影响下,突发性灾害频繁。

三、外营力对地貌形态的塑造和影响

本区地形复杂,受多种外营力的影响,从而形成流水地貌、喀斯特地貌、冰川地貌和冻土地貌等。

流水作用是本区最重要的外营力,遍及本区西部山地和东部盆地。东部盆地位于亚热带季风气候区,降水量在1000 mm以上,坡地有明显的流水侵蚀。长期的抬升使流水侵蚀作用强烈,河流下切剧烈明显,形成深切河谷、峡谷等地貌景观。

西部的高山,极高山地区具有明显的外营力垂直分带特征,即气候地貌带。海拔在现代雪线以上的高山,从下往上可分为流水作用带、冰原作用带、冰川作用带。各带的高度和宽度随经纬度位置和坡度的不同而有差异,一般情况下,山脉东坡属于东南季风的迎风坡降水较多,较为湿冷,垂直带分带高度比西坡低;南坡向阳,较为温暖,垂直带分带高度比北坡略高。在冰川作用带,大部分地区终年冰雪覆盖,现代冰川与角峰、冰斗等冰川地貌发育,山坡陡峻;在冰缘作用带,主导外营力为寒冻风化和融冻作用,形成石海、石河等冰缘地貌。流水作用带以流水作用为主,加上强烈风化和暴雨冲刷,山地切割破碎,冲沟发育,重力地貌比较多见。

第三节 地貌类型及其分布

一、山地和丘陵

(一)高山与极高山

高山是指绝对高度3500~5000 m,相对高度200~500 m的山地;极高山则指绝对高度大于5000 m,相对高度大于1000 m的山地。极高山往往是高山的高峰,而这基本上同属于一个山系,很难截然划分开来。

本区著名的高山、极高山简介如下。

1.岷山和邛崃山

岷山主脉北起若尔盖和南坪两县交界处,南达茂汶县城以北,南北逶迤约500 km,为岷江、白龙江及黄河支流黑河的分水岭。山岭海拔都在4000 m以上,有20多座山峰超过4500 m,主峰雪宝顶终年积雪不化,5000 m以上有现代冰川发育。与谷底相对高差达2500~3000 m。

邛崃山及其南西延伸的夹金山,海拔都约在4100~4300 m,与谷底相对高差也达2500 m以上,河间地带切割破碎,峰峦重叠。山体主要有花岗岩、玄武岩、石灰岩等组成,延展约150 km,最高峰为四姑娘山,被誉为"蜀山之后",山顶亦终年积雪不化。夹金山的主峰也达5500 m,山体长约100 km。

2.大雪山和贡嘎山

大雪山是大渡河和雅砻江的分水岭,由北向南为党岭山、折多山、贡嘎山、紫眉山等,牦牛山实际上也是它的南延部分。南北连绵达400 km,是横断山系重要山脉之一。山脊海拔约5000 m,地势特点一般是西高东低。

贡嘎山是大雪山脉的主要部分,位于康滇地轴和川西褶皱带的接触部位,也是板块俯冲带的部位,新构造运动强烈。山地轴部为印支期、燕山期花岗岩侵入体,贡嘎山主峰由二长花岗岩组成,坚硬的岩块形成了陡峭的山峰,有"蜀山之王"的美誉,驰名中外。它的附近海拔6000 m以上高峰,尚有45座,是西南地区极高山最密集的山区。这些山峰山顶终年积雪,现代冰川发育,尤其贡嘎山最为集中。

(二)中山

中山系指海拔1000~3500 m,相对高度200~500 m的山地。又可划分为高中山,海拔2700~3500 m,相对高度500 m;中山,海拔1800~2700 m,相对高度大于500 m;低中山1000~1800 m,相对高度大于200 m。

西南地区中山分布较广,著名的中山简介如下。

1.龙门山与峨眉山

龙门山位于四川盆地西缘,这里仅指龙门山的"前山",东北起于广元北,向西南经北川、青川、灌县,至泸定、天全一带,山体走向北东,总长约500 km。构造上属于龙门褶皱带,绵竹以北为北段,印支期褶皱,断裂明显;绵竹—灌县为中段称茶坪山,受喜山运动影响强烈,形成著名的飞来峰,山地雄伟高耸,已划归高山地貌类;灌县以南为南段,中生代早期有火山活动和断裂。叠瓦状构造山地和飞来峰是龙门山的主要特色,前者是由一系列高角度冲断层,自北西向南东不断仰冲的结果;后者是冲断层向远处掩覆所成,如彭州市白鹿顶、宝兴金台山、高飞水等飞来峰群。它们使龙门山东坡十分峻峭,与成都平原相对高差约2000 m,西坡则较平缓。

峨眉山亦居盆地西部,具体内容见第十章。

2.大娄山与巫山

位于四川盆地和贵州高原之间,为二者的分界。构造上属扬子台褶带的北缘,地壳覆盖有厚层古、中生界碳酸盐岩。燕山运动和喜山运动发生强烈褶皱、断裂和隆升,山地总体走向为北东,长约200 km。各部分因受构造制约,有所差异。在东部形成一系列北北东向狭窄的背斜山和较宽阔的向斜谷地,中部受南北向构造影响,则以宽背斜山和窄向斜谷为主,西部又为北北东及北东向的背、向斜山地、谷地。山岭海拔南高北低,相对高度500~

700 m;南缓北陡,北坡形成四川盆地南缘的中、低山。山地受河流强烈切割,喀斯特作用亦旺盛,地形崎岖起伏大。就构造而言,巫山等川鄂间山地,和大娄山同属一单元,地层、地貌也有相类似之处。长江切过这一带山地,形成了驰名古今中外的长江三峡。

3.乌蒙山

展布与滇东北和黔西北之间,北东走向。构造上也属于上扬子台褶带,因此也有深厚的碳酸盐岩盖层和砂页岩。印支运动和燕山运动产生一系列华夏向褶皱断裂,成为乌蒙山山地的基础,并有玄武岩等喷发和侵入。其后曾进入准平原化。到了喜山运动及其以后的新构造运动,又使山地发生多次断裂上升,w迄今上升幅度已达1500~2000 m,河流则急速下切,终于形成了今日的山地峡谷。山地的平均海拔约2400 m,山峰群立,加以喀斯特作用,使山地更显得崎岖险阻。最高峰为会泽县南的石岩尖,海拔3806 m。

(三)低山和丘陵

低山指海拔500~1000 m,个别山峰可超过1000 m,相对高度大于200 m的山地,丘陵与低山的区别不在于绝对高度的大小,而在于相对高度和形态上的不同。低山有的分布于平原之间,有的分布在高原之上,但相对高度都仅有数十米至百米左右。低山,丘陵分布广而零星,二者又常间杂在一起。

1.低山

全区低山约占山地总面积的10.3%,四川盆地是低山分布较集中的地区,尤其在盆地东部的方斗山和华蓥山之间,有20多列北东向的隔挡式褶皱背斜低山,山脊狭窄,海拔一般500~1000 m,以华蓥山最为有名,在重庆合川三汇坝分为三支,分别是云雾山、缙云山和中梁山。四川盆地东部低山总称盆东平行岭谷,低山跨过长江延伸到泸州、宜宾一带。山体形态由于构造和岩性,常出现有"一山一岭""一山一槽二岭"或"一山二槽三岭"等形态,成为这一带低山的主要特色。

云南的低山主要分布于西双版纳州的南部、东南部,文山州的东部、东南部,红河州的南部,德宏州的西南部。

贵州的低山主要分布于黔东南江口、三穗、从江等县以东;黔南则分布于南盘江、北盘江、红水河和漳江等水系的两侧;黔西北在赤水、习水一带亦可见到低山。它们分别属于贵州高原的东坡面、南坡面和北坡面,受到河流侵蚀、切割而成,为浅切割的剥蚀—侵蚀低山。海拔一般在600~900 m,相对高度200~300 m。

2. 丘陵

丘陵没有绝对高度的含义,在西南地区内,有的分布在平均海拔大于3500 m的川西北丘状高原上,有的分布于海拔2000 m左右的滇中丘状高原上;还有的分布于海拔1000~2000 m的黔中丘状高原上;而比较集中的则分布于海拔仅有数百米的四川盆地内。它们的绝对高度虽不同,但相对高度一般都只有数十米至两百米以下,除喀斯特丘陵外,形态一般都较浑圆。粗略统计全区丘陵面积约占全区总面积的25.1%。

四川盆地丘陵,是全国丘陵最密集、面积最广的地区。海拔一般为200~750 m,主要分布于长江以北,龙泉山以东,华蓥山以西,梓潼、盐亭、南部、蓬安以南的盆中地区,以方山及台状丘陵为主;其次在盆东平行岭谷的向斜部位,也有些单斜丘陵。

贵州丘陵因在高原上,故其划分指标是分布在海拔1900 m以上的高丘,如黔西北高原所见,为红色丘陵;分布于900~1900 m的为中丘,以黔中高原最常见,多喀斯特丘陵;分布于900 m以下的为低丘,见于东部及南部河谷地带。

云南高原的中部,即滇中高原,广布中生代红层,经剥蚀、侵蚀后,形成一系列红色丘陵,是云南高原上丘陵最集中的地区。云南东部的滇东高原喀斯特丘陵崎岖起伏。再则云南高原尚有不少宽谷、平坝,从这些坝地到高原面或山地上,都有一个丘陵过渡带,起伏较崎岖不平,故当地民谣有"沟挖深,弯头大(指丘陵带),低谷坝子平路小,高山顶上路宽大(上到高原面)"之句。

二、高原和山原地貌

(一)高原

1. 云南高原

在点苍山、哀牢山以东,是云贵高原的西部和较高的部分,除边缘部分受到金沙江、红河、南盘江等及其支流切割外,高原地貌保存较好,起伏和缓,具体内容见第八章云南实习区。

此外,滇西尖高山以东,高黎贡山以西,也保存有高原面,尤其是腾冲一带和盈江以西,高原面还相当完整,被称为滇西高原。

2. 贵州高原

贵州高原比较完整的是黔西高原,分布于大娄山以南,金沙、织金、关岭以西,昭通以南,牛栏江以东,故包括黔西北及滇东北的一部分,是云南高原的延伸。海拔1900~2600 m。由于地层平缓,有较厚风化壳,除边缘部分受乌江、北盘江、牛栏江等切蚀成峡谷外,顶部一般较和缓,尤其在威宁、赫章一带保存有较好的平坦高原面。碳酸盐类岩覆盖区喀斯特地貌还处在早期发育阶段,仅见有圆形洼地和石沟,起伏也不大。水城南部有一种称为"屯"的特殊地貌,如阿扎屯长30 km,宽约10 km,顶部平坦如长台。

此外,黔西北高原以东,武陵山以西,大娄山以南,苗岭以北,包括镇宁、安顺、贵阳、开阳、遵义一带,构造上是遭受长期剥蚀的黔中隆起,海拔800~1400 m,高原面保存也较好,丘陵起伏小,相对高度都在500 m以下,碳酸盐类岩广布,喀斯特地貌发育,是喀斯特化的丘原。

(二)山原

1.川西山原

分布于川西北高原以南,南界沿雀儿山北麓向东,经白玉县邓柯折向南,经义敦、乡城木里等县折北,沿雅砻江上溯至孜河转向东,沿大雪山西麓北上,至道孚县玉科折向东,经金川的安宁、小金川县的抚边,沿红桥山、鹧鸪山西麓北上,至黑水县向东折抵松潘县镇江关,再沿岷江北上,经九寨沟县西部农康至黑河。目前对山原的理解有二,一是"山上有原",如木里以北、雅江以南,雅砻江及其支流从海拔4800~5000 m的高原面上下切到基岩,从下仰望山高谷深,但一经越上谷肩,放眼远眺却是无际的广谷平川;一是"原上有山",河谷切割较浅,宽度较大,高原面保存较好,但耸峙有一些蚀余残山,如色达南面的罗科马山,鲜水河北岸的牟尼芒起山。

2.黔东北山原

在大娄山和武陵山之间,大部分属北东向山地,其间有些由三叠系组成的向斜盆地,周围为河流深切的峡谷,峡谷之间相对地成为"山上平原",构成一种比较特殊的山原地貌。如务川青坪、德江闹水岩、道真上坝。

3.其他

在四川的大凉山、黄茅埂以西,挖黑河、西溪河、甘洛河、普雄河的上游以南,螺髻山以东,普格、布拖以北,以美姑、昭觉、布拖为中心,为凉山山原地貌区。海拔一般2500~3500 m。山原面上有昭觉河和金曲拉打间的木佛山,普格沟与西罗河之间的中梁子,美姑、越西两县交界的年渣果火山等,属"原上有山"一类。

此外,湖北西南部山原延伸到重庆境内,成为川东南山原,分布于巫山、奉节、云阳、万州的长江以南和石柱的官渡河、悦来河东南,长江支流官渡河、五马河、大溪河等,从1400~1700 m的湖北利川、建始高原面上,下切600~700 m以上,成为"山上有原"的山原。

三、盆地和平原地貌

盆地是地球表面相对长时期沉降的区域,因整个地形外观和盆子相似而得名。平原海拔一般在0~50 m,地面平坦或起伏较小,主要分布在大河两岸和濒临海洋的地区。西南地区盆地众多,分布较广;平原较少,约占全区总面积的3.85%,主要分散在盆地中,小部分在河谷两旁。

(一)盆地

1.四川盆地

四川盆地是我国的四大盆地之一,中外闻名。它不论从构造或地貌来说,都是一个极典型的、完整的盆地。它发育在四川台拗的基础上,经印支运动后出现了盆地雏形,燕山运动及第三纪以来的运动使盆地四周山脉褶皱、断裂隆起,盆地则相对下陷,最后成为相对封闭的盆地。盆地四周界线十分清楚,为海拔1000~3000 m中山;盆地大致呈现东北—西南走向,海拔300~700 m,地势自西北倾向东南。盆地面积达16.5×10⁴ km²。盆地内部水网发达,地表长期受到切割,低山、丘陵分布广泛,故可以说四川盆地是一个丘陵性盆地,低山、丘陵多由红层组成,故又以"红色盆地"著称。

2.川西断陷宽谷盆地

川西高原山地区经历多次构造运动,形成不少断裂宽谷盆地,多沿断裂带分布,有时呈串珠状。由于地势自北向南,故盆地海拔也北高于南。如北部石渠、色达等盆地,海拔一般3300~4000 m;沿鲜水河断裂带的侏倭、炉霍等盆地,海拔3000~3600 m;沿理塘河断裂带的大毛垭坝、理塘等盆地,海拔3600~4200 m,沿安宁河断裂带的盆地,海拔1500~1800 m。这些断陷宽谷盆地,大部分都是完成于第三纪中新世之间;偏北的盆地,一般仅堆积有第四纪沉积物,应形成于上新世至下更新世。

3.云南高原盆地

云南俗称盆地为坝子,据统计大于1 km²的坝子共有1442个,总面积2.4×10⁴ km²,占该省总面积的6%。其中大于5 km²的有553个;大于100 km²的有49个,占总数的3.4%,面积共11662 km²,占坝子总面积2.96%。可见,坝子大型的较少、小型的较多。从分布上看,以东部高原较多,约有1000多个,占70%,西部横断山地区约有400多个,占总数的30%。具体内容见第八章云南实习区。

4.贵州高原的盆地

贵州高原上盆地为数不少,较大盆地即有二三十个。按其成因及分布,则以溶蚀(喀斯特)盆地最多,分布也最广。尤以黔中为著,如贵阳、长顺等盆地,面积一般十至十几平方公里,上述盆地是在断陷盆地基础上经喀斯特化改造的,故规模较大;面积位居数量的第二位的是构造盆地,包括断陷和褶皱形成的盆地,黔西北盆地大都先经过断陷盆地阶段;在构造基础上又经流水侵蚀的盆地,有遵义、湄潭、余庆龙溪等盆地;除上述盆地类型外,贵州沿高原南、北两坡面,还有少数由河流侵蚀形成的河谷盆地,如红水河流域的歪染、者楼盆地,赤水河流域的土城等盆地,它们一般海拔都较低,在600 m或500 m以下。

(二)平原

西南地区平原面积不大,它们分散于各大、小盆地中,部分在沿大江大河两旁河漫滩或阶地上,除成都平原外,各自面积都极小,但都是发展农业的主要基地。

成都平原,亦称川西平原,现称盆西平原,介于龙门山、邛崃山和龙泉山之间,北起江油向阳,南至乐山明星,面积7337 km²,占四川省平原面积的25%。是四川省,也是西南地区面积最大的平原。发育在中生代以来堆积厚达8000~10500 m的龙门山山前拗陷上,由沱江、岷江、青衣江、大渡河等及其支流的洪积冲积扇连缀而成,第四纪堆积厚达300 m,平均海拔450~750 m,地势向南东倾斜,但地面坡度不大。大致以新津、邛崃为界,以北为狭窄的成都平原,以南为眉山—夹江平原,后者又被北东向的总纲低山分为东、西两部分。

四川盆地东部平行岭谷的梁平—垫江一带是一个湖积冲积平原,发育在向斜谷地内,面积约250 km²,被誉为"川东第一大坝"。形成于更新世中期以后,由河湖沼泽相黄色粉砂质等物质及河流沉积物组成。

四川盆地的川江和嘉陵江及其支流涪江、渠江等两岸的河漫滩及一、二级阶地上,常形成有面积较大的冲积平原。川江面积较大的冲积平原如李庄、南溪、江安、纳溪、泸州、江津等地所见,一般高出江面20~40 m。嘉陵江较大的冲积平原,在阆中、南部、蓬安、南充等地均可见到,是由高出江面10~20 m的一、二级阶地组成。

川西山区平原面积都较小,较大的仅有盐源盆地的湖积冲积平原,面积825 km²。其他在各河支流汇入干流时大都有冲积洪积扇,但规模都不大。

云、贵两省平原面积都较小,分散于各坝子盆地中,或由湖积而成,或由河流侵蚀堆积而成,它们的分布范围和面积大致和各坝子差不多。

四、河谷地貌

西南地区的河谷地貌独具特色,一是峡谷险滩特别多,二是喀斯特作用影响强烈,三是阶地十分发育。

(一)峡谷险滩

区内峡谷险滩数量多,分布广,是全国所少见的。峡谷分纵谷和横谷。川、滇西部多纵谷,其余川、滇、黔部分多横谷。纵谷主要沿南北向构造带下切,形成顺向峡谷。

如金沙江峡谷,除个别河段外,基本上属峡谷地貌,邓柯至金江街峡谷长达100 km,基本上为纵谷,有著名的虎跳峡;金江街至新市镇峡谷连绵达890 km,时而为纵谷,时而为横谷。金沙江的险滩也特别多,从金沙街至新市镇1000 km间,著名险滩即达400余处,金沙江险滩众多的原因有三:一是两岸溪沟冲出的冲积洪积锥或泥石流占险滩的85%以上;一是山崩坠落的巨大岩块所构成,约占10%;其余5%的险滩则由基岩河床上的岩礁所构成。

长江三峡包括瞿塘峡、巫峡及西陵峡,后者不在西南地区范围内,暂且不提。瞿塘峡自白帝城至黛溪长8 km,横切由灰岩组成的北东东向山地,两岸山峰海拔1000~1500 m,江面最窄处仅100 m,它以雄伟著称,有"峰与天相接,舟从地窖行"之说。由巫山至巴东官渡口长约45km,长江自西向东斜切亦由灰岩组成的山地,形成以幽深取胜的巫峡,峡谷内河道曲折,两岸峭壁高出江面100 m,所谓"石出疑无路,云升别有天"。峭壁上的山峰,一般高出江面500~600 m,高的达1000~1300 m,号称"巫山十二峰"。

本区横向峡谷数量多,而规模一般较小,每个峡谷段超过10 km的不多;纵向峡谷则一般规模较大,每段多长达10 km,并常断续连绵达100 km以上,分布也较集中。四川盆地河流切过背斜山形成峡谷,进入到向斜构造时,由于流速减缓,地层又较疏松,旁蚀加强,形成宽浅的圆形河谷,俗称"沱"。有时峡谷和沱相间成串,如嘉陵江小三峡河段所见,是盆地中河谷地貌的另一特色。据初步统计,川江及嘉陵江沿岸主要的沱共54处之多,沱的两岸都是沿河城镇、渡口、码头所在。

川江北岸各支流绕行于丘陵之间,河曲十分发育,尤以嘉陵江为著,昭化以下的弯曲系数达2.68;南充青居街河曲的颈宽仅300 m,而河曲全长达5.5km。这类河曲都属于深切的内生河曲,或称嵌入河曲,它和川西北高原上或一般平原上河曲的类型有异。这是四川盆地河谷地貌的又一特色。

(二)喀斯特化河谷

从滇东经贵州迄川南,碳酸盐类岩分布广泛,喀斯特地貌十分发育,使河谷地貌的发育深受影响,具有以下几个特点:

第一,有的河源从岩洞流出,如南盘江源出沾益马雄山下岩洞河谷,河谷形态不显。第二,有的河流下游没入石灰岩落水洞,成为无尾河,无尾河成为盲谷;有的汇集成湖,如滇东泸西大湖,贵州安龙的锅背海子,使河谷变成湖。第三,在河流的全流程中,有的河段成为伏流,经数百米或一二公里甚至数十公里后,又复涌出成为明流,于是明谷和暗谷时隐时现,这一现象在许多河流上游都有出现,尤其在落差较大的高原边缘,如黔南罗甸、望谟、册亨等地的红水河支流及黔东南都柳江独山一带极为普遍。乌江支流郁江上游亦有类似情况。第四,由于地表河流进入落水洞或被地下河流袭夺,使下游成为干谷。第五,河流流经石灰岩山地时,大多成为峡谷。金沙江、长江及其支流流经石灰岩区时,都形成峡谷。第六,喀斯特地区多存在地表和地下两层河网,河网之间相互沟通,但其结构、流路、河谷形态等并不一致。如地表分水岭和地下分水岭常不一致,如西阳附近鹅池河和王家坡河的伏流均横穿地表分水岭骨干山而流入乌江支流窝篷江。

河谷地貌受喀斯特作用影响最典型的是贵州高原。如在黔中,河流的中、下游都深切成达100~300 m的峡谷,多急流、滩、瀑。各河支流常在汇入干流前数百米到数十千米即成为伏流,而后以比干流大得多的坡降汇入干流,有的甚至成为瀑布和跌水。如乌江支流猫跳河在清镇平坝以上的上游段为宽谷,纵坡降仅1.6‰,到了中游增至1.8‰;下游深切成200 m以上峡谷,坡降又增至6.6‰以上;其支流大桥河、修文河、李宜河、关公河等,则在入汇前都形成大坡降的峡谷、跌水,甚至形成悬谷悬瀑注入干流;暗流河、羊皮洞河、许宝寨河、水落河等则以伏流汇入干流。乌江其他支流都有类似情况。

(三)阶地

阶地是河谷地貌的重要组成部分,是在间歇性新构造运动过程中所形成;阶地又经常是聚落分布和生产活动的中心,具有重要的研究意义。西南地区以四川盆地的河谷阶地最发育,研究较早也较深。川西、云南和贵州高原、山地峡谷多,阶地一般不发育,仅局部宽谷或盆地中可见到阶地。

1.四川盆地的阶地

四川盆地各河干流河谷,一般都有4~6级阶地。刘兴诗于80年代初在总结前人研究的基础上,进行了野外实际调查和运用了C^{14}分析测定,把盆地内各部分的主要阶地划分为5级,分别属于5个地文期。

各级阶地性质,一般而言,距江面较高的四、五级阶地多属基座阶地或侵蚀阶地,愈接近江面的一、二级阶地则多为堆积阶地。四川盆地内许多重要城镇、工厂都位于沿江沿河阶地上。

2.川西和云南山地、高原阶地

川西和云南山地高原中,峡谷阶地少而小,仅在部分较宽河段的凸岸或盆地中有数级阶地,如安宁河宽谷有3~6级阶地。金沙江在新市镇以上,全为V形峡谷,新市镇—宜宾之间才有高出江面约30 m的阶地。雅砻江在甘孜附近有高出江面1~2 m的河漫滩阶地,40~50 m的洪积冲积阶地、70~80 m阶地和200~240 m的黄土阶地。

在云南高原的湖盆中,如滇池、阳宗海、抚仙湖等的四周,常见有高出湖面30 m、70~100 m两级阶地,较高级主要由上新统湖积层所组成。

3.贵州高原的阶地

以分布在北、东、南三个坡面上的较为发育。黔东南榕江、从江一带常见有3~5级阶地。黔东北河谷切割较浅,有3~4级阶地,如锦江有4 m、3~15 m、25 m、35~40 m四级阶地;乌江也有四级阶地:20~25 m、60~80 m、80~100 m、180~200 m,一级为基座阶地,二、三级为侵蚀阶地,四级实际是老河谷的残留面。

五、喀斯特地貌

喀斯特地貌是地下水与地表水对可溶性岩石溶蚀与沉淀、侵蚀与沉积以及重力崩塌、塌陷、堆积等作用形成的地貌。我国也称岩溶地貌。

喀斯特地貌在西南地区分布十分广泛,东自巫山山地,西止怒江、金沙江流域,南起西双版纳,北至岷山、米仓山、大巴山,都有它的形迹。西南地区喀斯特地貌之所以十分发育,是各种地理条件综合作用的结果。区内喀斯特地貌以贵州高原、滇东高原和四川盆地南部、东南部最具代表性。

(一)贵州高原喀斯特地貌

除了黔东南和黔西北赤水一隅外,其余广大地区都发育有喀斯特地貌,主要特征有:

1.喀斯特分布具有明显的条带

虽然以碳酸盐岩为主,但有砂页岩等互层,使平面分布上常出现不连续的条带状。砂页岩具有夹层性质,造成喀斯特区内小面积侵蚀地貌和地表河流。它流经喀斯特区时则变成地下暗河。暗河若受到砂页岩阻拦又突然出露,成为强大的流水地貌动力。二者在同时演化中相互制约。

2.喀斯特地貌类型无所不备,从宏观到微观地貌应有尽有

它们的组合和分布,有一定的规律性,从宽阔的分水岭到深切峡谷,其演化规律是:残林坡地、峰林盆地(分水岭区)—峰林谷地、峰丛谷地(谷坡区)—峰丛洼地(河谷区)。地下水的埋藏深度,在分水岭地带较浅,时有潭、湖出露;在谷坡区为20~40 m;河谷区为80 m以上,地表多缺乏河流,多伏流、暗河。如在开阳、遵义、金沙等地的黔中高原面上,喀斯特地貌以峰林盆地为主,由锥状峰林和大型喀斯特盆地组合而成,二者相对高差不超过150 m,溶洞多分层发育,脚洞(入流型溶洞)普遍,地下水埋藏不超过20 m,有直接出露于地表的潭、湖。从高原面到谷坡区,如贵阳以西的平坝、安顺、普定、镇宁等地,喀斯特地貌以峰丛谷地为主,由峰丛和喀斯特谷地组合而成,谷地多有一定宽度的槽谷,常有小河穿流,峰谷相对高差多在200 m以下。谷坡区还多悬谷瀑布,如打帮河流域一带以瀑布群驰名,其中尤以黄果树瀑布最著名。它位于镇宁县打帮河上游,东北至安顺市45 km,瀑布高66 m,宽约50 m,壁面近直立,是上起白水河瀑布,下至螺丝滩瀑布群中最高的一级,壁面内有长达42 m的水帘洞。瀑布群的成因属于侵蚀裂点型,以落水洞开始,经过下游暗河塌顶和瀑布自身冲蚀后撤过程形成。从谷坡区下到河谷区,如三岔河或北盘江峡谷区,喀斯特地貌则以峰丛洼地为主,以基座相连的峰丛和封闭的深洼地组合而成,多构成喀斯特峰丛低中山或中山,坡陡土薄,常见漏斗、落水洞等,峰洼相对高度可达150~250 m。

3.有向深性和叠置发育特征

喀斯特地貌在发育过程中,由于地壳间歇性的不断抬升,使喀斯特发育的基准面也间歇性地不断下降,从而使流水长期处于力图向深部循环过程中,使地下水垂直循环带不断加厚,表现出深邃的封闭的洼地、漏斗、落水洞、竖井、峡谷。地下水常埋藏较深,一些大河支流在距干流峡谷数百米至数公里以前即成伏流,并形成天生桥或裂点,而后以极大坡降排入干流。裂点以下地面上落水洞、竖井、漏斗等密度大增,峡谷上常有干悬谷。这种种现象在乌江、南明河、北盘江等峡谷中极为常见。喀斯特的叠置发育也很突出,常在较大洼地中发育有封闭的圆洼地,后者又发育有漏斗、落水洞、竖井等,它们又通向深部的地下管道,与地下河相通。地下河的排水洞口,又常分成多层,仅最下一层的洞为经常性排水的暗河出口。

(二)滇东高原喀斯特地貌

大致分布在禄劝、富民及红河谷地以东,包括滇东及滇东南,又大致以乌蒙山和南盘江上游为界,分为东、西两部分。具体内容见第八章云南实习区。

(三)四川盆地南缘喀斯特地貌

四川盆地南缘喀斯特地貌分布于古蔺、珙县、筠连、兴文、叙永等县。第三纪湿热气候下形成的峰林、石林已经受到自然破坏,仅残存一些矮小石柱。但其他喀斯特地貌仍然发育,主要有以下几种:

1.漏斗、落水洞、竖井

因位于大娄山山坡斜面,溶蚀基准面低,年雨量又较丰富,地下水的垂直循环旺盛,故此类喀斯特地貌甚为发育,分布密度大。如兴文县某地灰岩出露面积85km²,每平方千米洼地及漏斗7.69个,落水洞3.48个,大型塌陷坑0.32个。

2.喀斯特盆地和坡立谷

以兴文、珙县、筠连等县境内的喀斯特盆地最为典型,有三种类型。一为断陷喀斯特盆地,如兴文先锋盆地;二为塌陷盆地,如兴文桅杆坝;三为几个溶洼或漏斗扩大合并成的盆地。

3.喀斯特丘陵洼地和喀斯特峰林洼地

这两种地貌类型占碳酸盐岩出露面积的一半以上,可见分布之广,据计算,兴文县兴晏到周家地区的分布密度为每平方公里峰丛122.14个,丘陵为15.77个。

4.洞穴

发育好、规模大,是盆南最重要喀斯特地貌。兴晏到周家地区较大洞穴有183个,平均密度2.2个/km²。其中最大的兴晏附近的天泉洞有4层,总长4.2 km,总体积2.7×10⁶ m³,最大空间高度69.68 m,最大跨度85 m。兴文地区洞穴一般有五层,綦江地区则有三层。兴文有"石海洞乡"之称。各洞穴都有丰富的堆积物,据鉴定,形成时代应为晚更新世中晚期或者更晚。

六、冰川地貌

大致来说,我国在102°E线以西,现代冰川和古冰川遗迹都多而明显;线以东则无现代冰川,古冰川遗迹较少。川西和滇西大部分在该线以西,因此不但古冰川遗迹较多,部分高峰现代冰川亦较发育,尤其是川西滇西北更为显著。我国现代冰川以大陆冰川为主,但川西滇西北由于受到西南季风影响,冰川上的年降水量可达1000 mm,雪线比同纬度的青藏高原内部要低1000 m,大冰川末端伸到针叶林内,应属于季风海洋性,冰舌冰温接近0 ℃,属于"温冰川",冰川的刨蚀和搬运作用都很强,冰川类型与喜马拉雅山东端冰川相同。

(一)现代冰川地貌

现代冰川是指第四纪末次冰期的冰川。本区主要有以下山地冰川地貌。

1.贡嘎山冰川

本山地区内,海拔4900 m以上高山区终年冰雪覆盖,记录有现代冰川159条,有树枝状复式山谷冰川、悬冰川和冰斗冰川。冰川围绕主峰呈放射状展布,以东南坡和西南坡规模较大,贡巴冰川和海螺沟冰川为两条最大的山谷冰川。后者长14.8 km,末端海拔2850 m,伸入森林带6 km。冰川温度0 ℃,消融和刨蚀作用强烈,冰川地貌多而典型,6000 m以上角峰有45座,刃脊如锯齿,都处于壮年发育阶段。冰川谷亦很发育,呈U型,纵剖面多冰阶坎,高者可达数百米,有冰瀑布下垂。主脊两侧还多冰斗,有较大的粒雪盆。

2.川西山原冰川

以沙鲁里山为主干的川西山原,海拔5500 m以上山峰都有现代冰川。在雀儿山海拔5200~5300 m以上山峰,如马尼干戈西南新路海南缘、竹庆盆地南缘等高峰均可见到现代冰川。新路海雀儿山北坡有两支冰川,冰舌下降到海拔约4300 m。义敦附近的海子山现代雪线约在5200~5400 m,九龙附近滴痴山现代雪线亦约在5200 m,雪线以上都有现代冰川。这些现代冰川都形成了一些冰斗、冰围谷、U型谷和终碛等冰川地貌。

3.横断山脉中段冰川

滇西北横断山脉中段,金沙江、澜沧江、怒江、伊洛瓦底江之间的山脊,有不少超过5000~6000 m的山峰,大都有现代冰川。如德钦县澜沧江、怒江之间的喀卡普山(藏语白雪山),有6个终年积雪高峰,最高峰多卡岭6600 m,由三个高峰组成,中间一峰为典型的角峰,其下为冰围场,成为喀卡普冰川源头,这是一年轻的山谷冰川,前缘已延伸到3500 m的针叶林带。喀卡普山以北(约29°10′N)有由两个高峰组成的达姆岭,海拔6000 m以上。在金沙江和澜沧江分水脊上有白马山,介于28°10′N~28°25′N间,有4~5个6000 m以上高峰,最高峰扎雅岭,由三个山峰组成,各有一悬冰川。在贡山县附近怒江和伊洛瓦底江分水岭贡巴拉(藏语喇嘛山),有一海拔5000 m以上终年积雪高峰,有三条悬冰川。

4.玉龙山冰川

是我国位置最南的现代冰川。玉龙山是中—晚更新世断裂作用大幅度上升的高山,主要冰川是悬冰川和冰斗冰川。主峰扇子陡顶部发育有悬崖冰川(悬坡冰川),冰川向东南顺坡而下,与来自东、南侧山峰的冰斗冰川汇合成较大冰舌,沿U型谷东流,下端达海拔约4500 m,前缘有冰碛出露。U型谷两壁下为流石堆和巨大的洪积扇,共同掩覆了冰碛物。冰碛物以终碛保存最完整,以干河坝和扫坝的终碛最为典型。

(二)古冰川地貌遗迹

古冰川是指现代冰川以前,第四纪所发生的冰川,包括从早更新世到晚更新世历次冰期所产生的冰川,由于年代久远,所造成的地貌多受到破坏,保存较少,零星分布。迄今已经过调查报道有古冰川地貌遗迹的有:峨眉山、雅安、成都、岷山、大巴山、贡嘎山、沙鲁里山(包括所属各分支山脉)、折多山、大雪山、夹金山、盐源、小相岭、贵阳、雪峰山、梵净山、玉龙山、大理、永仁、元谋、个旧等地;尚有可能存在遗迹的有滇西三江之间广大山区,以及滇东南广南等地。可见在西南地区境内古冰川地貌遗迹分布极为分散、广泛。

古冰川遗迹中,有的是古冰川侵蚀遗迹,有的是古冰川堆积遗迹。如在玉龙雪山现代雪线以下海拔约4000 m,还分布着一系列冰斗,冰斗中已无积雪,冰斗之间常为角峰和刃脊,它们显然都不是现代冰川产物,而属于较古冰川的产物。在雪嵩村西南的日卡必斗U型谷中,出口处有一道弧形终碛,叠置于洪积线上,海拔3040 m,当地称为玉石坎,玉石坎之下,海拔2800 m处,还有被切成七个弧丘的一道终碛,当地称阿昌吕青(纳西语"一个个小堆"),它们分别代表两期较古老的冰川堆积物。

各种类型的古冰川侵蚀地貌遗迹,如冰斗、冰围谷、U型谷和古冰川堆积物,如广泛分布在U型谷中的冰碛物等在川西高原和岷江上游均分布广泛,在此不一一赘述。

七、泥石流

(一)泥石流形成条件

泥石流是一种典型的坡地重力地貌,常酿成巨大灾害,民间称为"走龙""走蛟"或"打地炮"。西南地区暴发泥石流的概率高,分布面积广,为全国各地区之冠。相对而言,川渝最重,次为云南,贵州较轻。泥石流是多种自然因素和人为因素综合作用的产物,而其中有三种因素是最基本的:一是有大量的松散固体物质,它们多来源于强烈的断裂褶皱、地震、冰川等活动和风化剥蚀等内外营力作用,常以崩塌、滑坡等搬移方式下达到沟谷内,直接与湍急的水流遭遇,形成泥石流;二是有谷坡陡峻、沟床纵坡大的沟谷,有利于松散固体物质和水流的汇集,转化成泥石流,迅猛下泻;三是沟谷的上、中游水源充沛,常有暴雨或冰雪融水等,形成强大的水动力,使松散固体物质转化成泥石流。这三个基本条件西南地区都具备,所以泥石流最发育的地带常常与断裂带、地震带、丰水带以及冰川较广的山地大致吻合,这不是偶然的,而是泥石流的分布规律受它们所制约。

(二)泥石流分布带

西南地区泥石流分布带见表3-1。

表3-1　西南地区泥石流分布带

名称	名称
1.巴塘—新市镇金沙江上游泥石流带	10.广元—城口大巴山泥石流带
2.中江街—新市街金沙江下游泥石流带	11.川东—黔北巫山、大娄山泥石流带
3.炉霍—道孚—木里雅砻江上、中游泥石流带	12.东川小江泥石流带
4.冕宁—攀枝花市雅砻江下游和安宁河泥石流带	13.沾益南盘江上游泥石流带
5.金川—汉源—甘洛—美姑大渡河泥石流带	14.元江泥石流带
6.宝兴—天全青衣江泥石流带	15.维西—凤庆澜沧江泥石流带
7.黑水—汶川岷江上游泥石流带	16.贡山—泸水怒江泥石流带
8.松潘—南坪涪江、白龙江上游泥石流带	17.梁河—大盈江泥石流带
9.江油—彭州市龙门山泥石流带	

从上可见区内泥石流分布十分广泛。成昆铁路跨越上述2、4、5三个带,沿线即有泥石流常发地300多处,西昌附近安宁河左岸就有几十条泥石流沟,经常发生严重灾害。成昆铁路自通车以来由于泥石流阻车事故达40多起,埋车站7个。2014年6月降雨造成川西地区的阿坝州、甘孜州部分县受灾,大渡河上游出现超保证水位洪水,部分乡镇出现洪涝和泥石流灾害,多条公路受损,金川县疏散转移受威胁群众108户。

金沙江下游沿江两岸大小溪沟约500多条,几乎都有泥石流活动,尤其是一些长度超过5 km的溪沟,谷坡常发生大规模崩塌、滑坡、垮山,有时几千万立方米固体物质堆在沟中形成石坝,断流成山间海子,在特大暴雨冲击下,石坝溃缺,大量砂石巨砾倾入金沙江,造成险滩急流。

四川盆地也是泥石流灾害频发区,发生于2010年8月13日的特大泥石流灾害,造成全省14个市(州)、67个县(市)、576万人受灾,因灾死亡16人,失踪66人。

贵州泥石流虽少见,但也有因强降雨导致的泥石流灾害,如2017年9月5日晚上至6日早上,贵州省册亨县出现持续暴雨,最大降雨量达 147 mm。降雨引发泥石流,近万方泥土被山洪冲下来,将余安高速近 400 m 路段掩埋,泥土最深处近 4 m。

思考题

1.说出西南地区的地貌总体特征。

2.论述西南地区地貌形成的主要因素。

参考文献

[1] 杨宗干,赵汝植.西南区自然地理[M].重庆:西南师范大学出版社,1994.

[2] 何太蓉,郭跃.四川盆地及其邻区地理学野外综合实习指导教程[M].北京:科学出版社,2017.

[3] 周心琴,李雪花,莫申国.重庆地区综合地理野外实习教程[M].成都:西南财经大学出版社,2012.

[4] 严钦尚,曾昭璇.地貌学[M].北京:高等教育出版社,1985.

[5] 伍光和.自然地理学[M].北京:科学出版社,2008.

[6] 张兆干.庐山地区地理学野外实习指南[M].北京:科学出版社,2001.

第四章　西南地区气候概况

第一节　气候的基本特征

一、特色鲜明的亚热带季风气候

西南地区位于我国西南部,约在21°1′N~34°40′N,96°40′~112°10′E范围内,28°N横贯中央,大部分地区在北回归线以北。单从纬度位置看,正处于全球的副热带高压带,气流下沉,气候特点应是干热少雨,属荒漠、半荒漠景观。但由于位于亚欧大陆东南部和青藏高原东侧(距海较远,西南离印度洋约500 km,东南距太平洋约300 km),受海陆分布形势及大高原的影响,改变了下层行星风系,从而形成本区以亚热带季风气候为主的气候类型及相应的亚热带常绿阔叶林景观。

由于紧靠青藏高原、印度洋的特殊地理位置,以及复杂的地形,使本地区的亚热带季风气候又有不同于东部同纬度的华中和华东部分地区,形成自己的特色,具体如下:

(1)风向随季节转换不明显。季风的表现是冬夏的盛行风向接近相反或有显著差异,但西南地区仅贵州高原冬多偏北风,夏多偏南风,变化比较明显;四川盆地全年风向以北风和东北风为主,各季节变化不大。川西风向一般与河谷走向一致;云南大部盛行风向无季节转换,冬夏均盛行西南风。

(2)西南地区冬季风由于受地形影响,本区北部、东部地区冬季风较弱。夏季风组成比较复杂,除西南季风为主外,还有东南季风和高原季风,有异于我国东部地区以东南季风影响为主。

(3)季风气候的特点应是冬冷而干、夏热而湿,年温差较大,但西南地区多数地区冬不太冷,夏不太热,年温差较小;降水则更集中于夏半年,这一点较之东部亚热带季风区更突出(表4-1)。

表4-1　西南地区与华中、华东部分地区气候比较

区域	城市	气温/℃			降水/mm				
		1月均温	7月均温	年较差	年降水量	5-10月	占全年/%	11-4月	占全年/%
西南地区	重庆	7.8	28.1	20.3	1104.4	852.7	77.2	251.7	22.8
	成都	5.5	25.6	20.1	947.0	833.9	88.0	113.1	12.0
	贵阳	4.9	24.0	19.1	1174.7	914.2	78.5	260.3	21.5
	昆明	7.7	19.8	12.1	1006.5	895.8	90.0	110.7	10.0
华中地区	武汉	3.0	28.8	25.8	1204.5	786.0	65.3	418.5	34.7
华东地区	上海	3.5	27.8	24.3	1123.7	742.6	66.1	381.1	33.9

二、气候复杂多样,水平差异显著

西南地区由于大气环流和地形复杂,气候也极为复杂多样。从热量带看,从南到北,随纬度增加和海拔高度的同步增高,因而出现从热带到寒温带的各种气候类型,相当于我国东部从海南到黑龙江北部气候的变化。其中又以西南地区的西部最为明显,如沿100°E经线,分别是景洪(热带)—澜沧(南亚热带)—凤庆(中亚热带)—大理(北亚热带)—丽江(暖温带)—乡城(温带)—甘孜、色达(寒温带)。

除南北差异外,自东至西气候也有较大不同,如沿28°N纬线,降水量总趋势是向西逐渐减少,干湿季分明越趋明显。

自南至北不同热量带和自东至西水分的不同情况结合在一起,形成了极为复杂多样的气候类型,使西南地区的气候类型之多,气候区之复杂均为全国各大地区之冠。

三、垂直分带现象普遍

垂直气候带是指高山地区从山麓至山顶间的气候分带。各种气候要素随高度增高而发生变化。因此,垂直方向上从山麓到几千米高的山顶,等于水平方向上从低纬度向极地方向跨越几个气候带。气候垂直差异越明显,垂直分带越多,则气候越具有多样性,作物的种类、组合和布局就越复杂。

西南地区地处我国地势三大阶梯中的第一阶和第二阶,地势起伏极大。区域内山地耸立,各山地沿山坡自下而上也出现各种山地垂直气候类型。其类型的多少,带幅的宽窄,一

第四章　西南地区气候概况

039

方面受山地所在水平地带的制约,另一方面又受山体的绝对和相对高度、山脉走向、坡向的影响。西南地区西部,是我国著名的横断山地,高山、峡谷南北纵列,从谷地到山岭,可由热带或亚热带演变到高山苔原带。西南地区东部,主要是高原、盆地,但也分布着众多的山地,且以中山为主,气候垂直带谱一般仅3~4个。

四、气候资源丰富

多样化的气候类型和地形使得西南地区的气候资源较为丰富,主要体现在以下两点:第一,气候条件好,利于发展农牧业;第二,风能资源丰富,利于开发清洁能源。

西南地区处于中低纬度地带,加之大气环流和地形的作用使得川滇黔地区气候温和湿润,无霜期较长(均为250 d以上),农作物可全年生长发育,夏季基本无高温危害,冬季冻害较轻。不仅有利于种植业增加复种指数,实现一年两熟和多熟种植,也有利于畜禽全年均衡生长以及饲料、牧草等全年生长。同时气候的垂直变化正向叠加在气候的纬度变化上,使其气候类型十分丰富,为农业发展多种经营提供了良好的自然基础。

滇、黔地区地处低纬高原,境内高山峡谷纵横交错,山区面积广大,具有明显的季风气候和立体气候,冬季盛行干暖的南支西风气流,夏季盛行湿润的海洋季风,风力资源丰富。

第二节　气候的形成因素

一、太阳辐射

太阳辐射是大气运动的主要能源。它是气候形成的一个重要的因子,也是气候要素特征之一。西南区太阳总辐射量及其各分量的地区分布和时间变化使得该区域内的气候呈现多样化的特点并具有明显的地域特色。

(一)太阳总辐射量

太阳总辐射量包括直接辐射和散射辐射,在湿润多云地区,直接辐射很少,以散射辐射为主。西南地区东西部海拔、地貌和环流特征的悬殊差别,使太阳总辐射量的地带性规律受到严重干扰,同全国分布形式有很大的不同。西南区年总辐射量各地变化在3360~6700 MJ/m²之间(图4-1),其具有经向差异大和西多东少的特点。川西高原及滇西北地区海拔高、云雨少、日照多,属我国高辐射区之一;四川盆地和贵州海拔较低,云雾多、日照少,为我国总辐射低值中心。

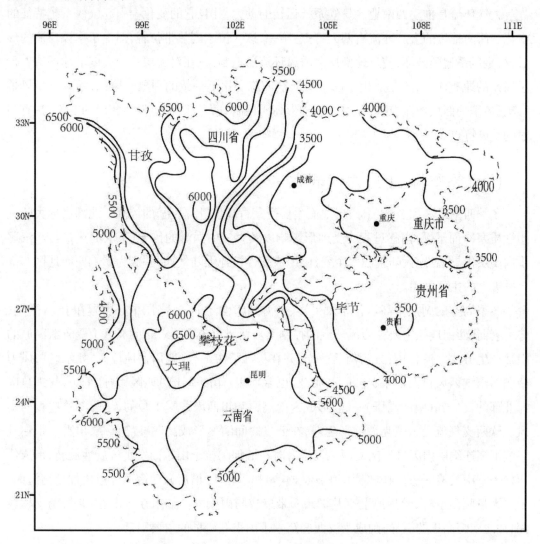

图4-1 年太阳总辐射量分布示意图(MJ/m²)

(二)四季总辐射量的分布

总辐射量的季节变化,受太阳高度角和环流季节变化的制约,与光时长短和太阳辐射强度直接相关。全区四季总辐射变化一般为春夏大于秋冬,以冬季最小;四川盆地及贵州最大辐射出现于夏季,川西地区及云南则见于春季。

冬季(1月),太阳高度角最低,辐射强度最弱,全区月总辐射均在500 MJ/m²以下;春季(4月),随着太阳北移,全区月总辐射普遍增至350 MJ/m²以上;夏季(7月),太阳高度角大,各地总辐射量主要决定季风雨带位置和天气气候的差异;秋季(10月),天文辐射已经减弱,昆明准静止锋和川黔多云中心区形成,全区总辐射量又恢复冬半年的分布趋势。

二、大气环流

大气环流是推动西南地区气候系统运转的动力,并且它的变化会引起气候系统特征的变化。西南地区的大气环流有两大特点:第一,该区位于副热带位置,但由于季风环流的形成,行星风系遭到破坏,使近地面层为季风环流所控制,只在对流层一定高度上才保持着行星风系的原有流场,于是产生了高空与低空环流变化不一致的现象。第二,随着行星风带移动(冬季受西风环流控制,夏季受副热带高压控制),大气环流也发生相应的变换,具有明显的季风特点。

(一)冬季(以1月为代表)

冬季西南地区和全国一样,近地面主要受蒙古高压(冷高压)的控制。北部极地大陆气团性质寒冷而干燥,南移过程中受地形影响以及大气中涡流的传导,下层的热量与水汽逐步向高层传导,极地大陆气团发生变性,形成变性极地大陆气团,并成为影响西南地区东部冬季天气的主要气团。

冬季高空的副热带高压位于太平洋、南海到印度洋上空,高压中心位置在15°N附近,势力衰弱,西南地区主要在西风环流的控制下。西风急流在1.5 km的高度上受青藏高原的阻挡产生分支绕流作用,分为南北两支,并在长江下游汇合,四川盆地位于"死水区",风力微弱。南支西风自西而来,经北非、中亚、巴基斯坦、印度等干热地区,秉性干暖,与来自南海北部的反气旋(南海高压)一起,形成云南高原和川西南冬季干暖的天气,冬季盛行西南风。这两支气流受云贵高原地形阻滞,在云贵之间演变形成昆明准静止锋,川黔一带在其影响下多连绵阴雨天气。南支西风气流有时在缅甸阿拉干山东面发生气旋性旋转,形成低压槽——南支槽,平直西风变为西南风(槽前)和西北风(槽后),西南风经过孟加拉湾海面,带来大量暖湿空气,给川滇上空及贵州一带造成阴雨天气。如果在冬末春初时,南支槽较深,加之南海高压的引导,则成为滇西怒江一带雨季开始早的主要因素。

(二)夏季(以7月为代表)

夏季是西南地区大气环流最复杂的季节,该区低空是我国两大夏季风——西南季风和东南季风的交汇处。表现在降水上,105°E~110°E(即四川盆地和贵州高原所在处)是我国降雨的一条过渡地带。在此经度带以东,雨季的开始与锋面的季节位移与东南季风来临有密切关系;在这条界线以西,则与西南季风的进退以及青藏高原季风现象有关。

西南季风实际包括四支季风:青藏高原季风、孟加拉湾季风、印度西南季风和来自南海、位于副高西侧的、可将水汽输送到云南的西南季风。后三者构成西南季风的主流,对高原西南季风起着强化的作用,它们合成的西南季风是西南地区主要水汽输送者。

西南地区也受东南季风影响,从南部进入西南地区的水汽主要由这支季风输送。东南季风是副高驱使的来自太平洋的气流,主要影响西南地区东部的四川盆地和贵州高原,使四川盆地及贵州高原降水都自东南向西北增加,它比西南季风来得迟而去得早。

西南低涡对西南地区东部尤其是四川盆地的影响也是不可忽视的,它对四川盆地的暴雨或大雨的作用明显,如1981年7月四川特大暴雨洪灾,除5.5 km环流异常外,西南低涡的连续出现和发展也起到很大作用。

(三)春秋过渡季节

春季以4月为代表,随着太阳辐射日益增强,天气变暖,蒙古高压减弱,印度低压北移并较冬季有所加强。青藏高原南支西风在云贵地区形成气旋性涡旋;西太平洋副高显著增强,其西北侧西南气流与我国西北华北的西南部的小分裂高压的东北气流间形成切变线,并与气旋性涡旋相配合,给西南地区东部带来阴雨天气。至5月下旬,南亚高压跃于30°N的青藏高原上,南支西风急流北撤,高空东风急流建立,孟加拉湾季风爆发,西南地区而进入夏季。

秋季以9月为代表,整个环流系统南移,受蒙古高压的影响,西南地区地面盛行偏北风,其位于河南和陕西一带的反气旋的西南侧,盛行东南风,气流辐合形成"华西秋雨",与长江中下游之秋高气爽形成鲜明对比,而此时的云南高原西南季风尚未撤退,仍为雨季。直到西风环流第二次南移,南支西风建立,秋季结束而转为冬季。

三、下垫面因素

西南地区地势起伏大,地貌类型多样,对气候影响较大的主要是山地、高原、盆地这三种地貌,尤以山地最重要。

区域内高中低山不仅形成明显的气候垂直带,而且常成为不同气候的分界线,如大巴山地成为南北气候分界线,哀牢山东西两侧气候差异也很大。山地间多深切河谷,形成特殊的干热气候,以元江和金沙江(滇北—川西南间)最为典型。本区的高原有两类,一类是高海拔的川西高原,其本身就是青藏高原的一部分,具高原型气候特征;另一类是低海拔的云贵高原,由于海拔超过1000 m,与较低的东部相邻地区相比,夏凉特色突出。盆地以四川盆地最大,其盆地地貌是形成盆地冬暖、春旱、夏热、秋雨气候特点的重要原因。

青藏高原对西南地区气候的影响是不可忽视的,西南地区的一部分即属青藏高原范围,大部分又紧邻青藏高原,故受青藏高原的影响较之东部地区更为突出,主要表现在受高原季风和西南低涡对气候的影响。

思考题

1. 西南地区的气候特征有哪些?

2. 影响西南地区气候的形成因素都有哪些?

3. 大气环流因素在不同季节对西南地区的天气产生怎样的影响?

参考文献

[1] 吴俊铭,谷晓平,徐丹丹.论贵州农业气候资源优势及其利用[J].贵州气象,2005(03): 3-5.

[2] 杨宗干,赵汝植.西南区自然地理[M]. 重庆:西南师范大学出版社,1994.

[3] 张剑.西南区气候基本特征及其成因[J].西南师范大学学报(自然科学版),1988(01): 153-164.

[4] 徐裕华.西南气候[M].北京:气象出版社,1991(8): 81-191.

[5] 赵汝植.西南地区农业气候资源及其评价[J].自然资源,1991(02): 1-5.

[6] 何太蓉,郭跃.四川盆地及其邻区地理学野外综合实习指导教程[M].北京:科学出版社,2017.

第五章 西南地区水资源概况

第一节 水资源总体概况

一、流域和水系特征

（一）水系组成及河道特征

西南地区受东南季风和西南季风的影响,降水丰富,径流量大,加之地表起伏大,为水网发育及庞大水系的形成提供了有利条件,成为我国各大行政区水系最多的地区,几乎占全国外流区域11个水系的一半。全区河流分属两大流域和七大水系,属太平洋流域的有黄河水系、金沙江—长江水系、珠江水系、元江、澜沧江水系;属印度洋流域的有怒江水系和伊洛瓦底江水系(图5-1)。上述水系中,流域面积超过10000 km²的河流共有33条,其中川渝境内17条(不包括乌江),贵州境内7条,云南境内9条(不包括金沙江)。

西南地区多山,河流一般具有山区性河道特征,河流岸坡较陡,河谷多呈V型和U型。宽谷与峡谷河段交替出现,河流多急弯与山间曲流,河床纵比降大。纵断面呈折线或阶梯状,多急流、瀑布和险滩,如岷江、沱江、嘉陵江、乌江等有大小险滩上千处。当河流从我国地形的第一阶梯(青藏高原)到第二阶梯(四川盆地,云贵高原)和从第二阶梯到第三阶梯(广西,湖南等),河流纵比降突然变化,其差距可达数倍。这种现象不利航运,却为水能利用提供了有利条件。

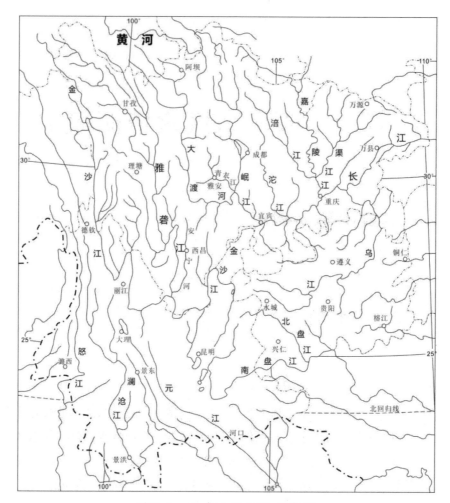

图 5-1 西南地区河流示意图

(二)径流的形成与补给

地表径流的形成是多种自然因素相互影响的结果,其中气候因素和下垫面因素(地形、地质、土壤、植被)最为重要,而人类活动也会影响地表径流的增加和减少。

在气候因素中,最主要的是降水和蒸发,前者是径流产生的主要源泉,后者决定了径流的损耗。下垫面也是影响径流变化的重要因素,主要反映在地形、岩性和土壤、植被覆盖这几个方面。地形对地表径流的影响分为直接影响和间接影响,直接影响体现在地形会影响径流的强度和历时;间接影响体现在地形对气候,尤其是降水的地域分布的影响。岩石性质与地表水的渗透有一定关系,如四川盆地疏松的砂岩或砂土区,透水性好、易渗透、地表径流少;反之,黏土质的风化壳或较黏的土壤区,质地黏重、不易渗漏、易于产流。植被的枯枝落叶层和发达的根系,可以滞留大部分降水,延缓径流的下泄,起着涵养水源和延迟径流,减少河流含沙量的作用。人类活动可影响地表径流的增减。如修建水库、引水灌溉等工程措施,植树造林、种草等生物措施,以及坡地改梯田等都起到减少地表径流的作用。

各种自然地理因素和人类活动都会对西南地区地表径流产生作用。但它们都不是单独的,而常是多种因素共同作用的结果。

径流补给形式包括降水、冰雪融水和地下水三种。西南地区降水丰富,故和全国大部分河流一样,以降水补给为主,一般可占河川径流总量的70%以上。四川盆地降水补给比重最大,可达80%~90%。云贵高原的河流因地下水补给较多,降水补给只占60%~70%。滇西北及川西金沙江、雅砻江、大渡河、岷江等大河上游及其支流,冰雪融水约占15%,仍以降水补给为主。地下水补给在西南地区也比较普遍,尤其是枯季(一般12月至次年2月),径流的补给方式主要为地下水补给,但在各地所占比重差异较大。云贵、川南等喀斯特广泛分布地区,地下水补给较丰富,补给量可占径流量的四分之一到三分之一。四川盆地由于地下水埋藏较深,河床尚未下切到主要含水层,地下水补给仅占年径流量的10%。川西、滇北地区,岩石破碎,有利于地下水存储,补给量可达20%。

总的来看,西南地区绝大多数河流补给来源都以降水为主,地下水占有一定比重,因此其水文特点是河水随降水量的增减而涨落,雨量年内分布不均,年际变化较大,使得河川径流的季节分配也不均匀;各年水量也很不稳定,径流量丰枯悬殊。少部分河流具有降水、地下水、冰雪融水三种补给形式,但仍以降水为主,因地下水和冰雪融水的调节,河水涨落比较缓慢,径流的年内变化和年际变化均较前一类型小。

二、河川径流特征

(一)径流总量

西南地区径流资源非常丰富,截至2017年达到$6025.9×10^8 m^3$,约占全国径流总量($27746.3×10^8 m^3$)的21.7%。全区多年平均径流深606.5 mm,为全国平均径流深(274 mm)的2.2倍。如与主要河流的径流量相比较,则径流量总量在$1000×10^8 m^3$以上的有金沙江,$300×10^8~1000×10^8 m^3$的有岷江、澜沧江、嘉陵江、长江干流上游、乌江(川、黔)等5条。$100×10^8~300×10^8 m^3$的有沱江、南盘江、北盘江、怒江、元江、李仙江、清水河、柳江等8条。

(二)径流的年际年内变化

1.径流年内变化

降水的年内变化是决定径流量年内变化的主要因素。西南地区降水量季节分配不均匀,呈现出冬季干旱少雨,夏季雨量充沛,秋雨多于春雨的特点。径流量的年内变化也大致如此。

2.径流的年际变化

径流的年际变化一般指径流年际间的变化幅区,通常用年径流变差系数(C_v值)来表示。C_v值大,表明径流的年际变化剧烈,对水资源的利用不利;C_v值小,表明年径流的年际变化和缓,有利于径流资源的利用。C_v值一般随径流量的增大而减少。西南地区C_v值的分布与径流深相反,少水区大于多水区;平坝区大于山区,全区C_v值在0.2~0.5之间。

(三)河流的泥沙

河流的含沙量与岩石性质、地貌形态、植被、土壤等因素有关。输沙量还受制于径流总量。这些因素西南地区各地差异较大,因此整个西南地区各河流含沙量、输沙量的分布情况就比较复杂。全区含沙量比较大的四条大河是元江、北盘江上游、嘉陵江和金沙江,含沙量全在2 kg/m³以上,成为西南地区含沙量最高的几条大河。含沙量较小的河流主要在川西北、滇西和黔东地区,它们或因植被覆盖率高,降水分配较均匀(如怒江),或因上、中游植被好,下游地势起伏减缓(如岷江),有的是流经喀斯特地区,地下水补给较多等(如清水河),含沙量一般都小于0.5 kg/m³。

西南地区河流的泥沙变化很大。变化过程与径流量过程相对应,绝大多数河流含沙量的高值出现在汛期。枯水期间,含沙量与输沙量都降低。汛期正是雨季,地表冲刷最严重;枯水期的水流,往往来自地下水补给,所以含沙量很小。如果以嘉陵江代表东部地区和澜沧江代表西部地区为例去分析含沙量的年内变化,嘉陵江含沙量最多的是5~10月,最大含沙量出现在7月。澜沧江因西南季风来得较晚,雨季5月中下旬才开始,含沙量6~10月较多,最大含沙量出现于8月,输沙量的年内分配情况也大致与含沙量相似。

三、主要河流简介

(一)长江上游主要干支流

本区中部和北部以长江流域的河流为主,区内河段是其上游,流域内地形复杂,支流众多,且多分布在北岸,下面仅就几条较大的支流做简要介绍。

1.金沙江

金沙江是长江的上游,因江中沙土呈黄色得名。金沙江的发源地(即长江的发源地)20世纪70年代定于青海省唐古拉山主峰各拉丹冬雪山,正源沱沱河。2008年确定当曲的上源且曲为正源,发源于唐古拉山脉东段北支5054 m的无名山地东北处,行政隶属玉树州杂多县结多乡。从青海省的河源至宜宾市，干流河长约3481 km，集水面积约50万 km²，约占长江流域面积26%，年平均流量4750 m³/s。金沙江穿行于川、藏、滇三省区之间，其间有最大支流雅砻江汇入，至四川宜宾和北来的岷江汇合后始称长江。

金沙江河川径流补给形式以降水补给为主，其次地下水，春、夏季有积雪融水补给，但比重较小。金沙江流域地表植被较少，物理风化强烈，春秋降水强度大，故河流含沙量、输沙量、水蚀模数都较高，而且有从上游到中下游逐渐增加的趋势。

金沙江落差3300 m，水力资源一亿多千瓦，占长江水力资源的40%以上。干流规划有多级梯级水电开发。金沙江流急坎陡，江势惊险，航运困难。由于河床陡峻，流水侵蚀力强，金沙江是长江干流宜昌站泥沙的主要来源。

2. 雅砻江

雅砻江发源于青海省玉树市境巴颜喀拉山南坡，自西北向东南流至尼达坎多进入四川，经甘孜、凉山二州于攀枝花市东北三子堆附近注入金沙江，是典型的高山峡谷型河流。全程1571 km，流域面积128439 km²，其中四川省境内河长1370 km，流域面积118321 km²，92.1%的流域面积属四川省。

雅砻江的径流分布与降水分布趋势一致，大致自北向南递增，且东侧多于西侧。雅砻江主要补给形式为降水补给，约占径流量的一半，其余为地下水和冰雪融水补给，径流年际变化不大，丰沛而稳定。雅砻江中下游处于川西和安宁河两大暴雨区内，为洪水主要来源地区，其洪水特性是峰高、量小、历时短。主汛期为6~9月，大洪水多发生于7~8月，与长江中下游洪水大体同步。

流域上、中游地区含沙量较少，下游洼里至小得石区间是雅砻江流域主要产沙区，多年平均悬移质输沙量4190×10⁴t，属少沙河流。

3. 大渡河

大渡河是岷江最大的支流，源头有三：东源梭磨河源于鹧鸪山西北部红原县境，西源绰斯甲河，与正源足木足河均源于青海省玉树县境的巴颜喀拉山支脉果洛山的东南麓。全长1062 km（四川省内852 km），流域面积7.77×10⁴ km²。

大渡河多年平均径流量1470 m³/s，总径流量462×10⁸ m³，流域平均径流深为604 mm。大渡河水系呈羽毛状分布，径流主要由降水形成，部分为融雪补给。径流年际变化不大，年内分布具有冬春较枯，夏秋集中的特点。泥沙主要来自中下游，尤以石棉以下地段沙量为多，含沙量占全流域的50%以上。

4. 岷江

岷江是长江上游最大支流,发源于岷山南麓,源头有二:东源出自海拔3727 m的弓杠岭(正源);西源出自海拔4610 m的朗架岭,两源汇合于虹桥关上游川主寺后,自北向南流经松潘、茂汶、汶川、灌县、穿成都平原后,经乐山、犍为,于宜宾市注入长江。干流全长735 km,流域面积$13.6×10^4$ km^2。

岷江流域内支流众多,各支流流域面积大于500 km^2的支流30条,流域面积大于1000 km^2的支流11条,形成极不对称的羽状水系,河网密度0.467 km/ km^2。

岷江总落差3560 m,水能蕴藏量$820×10^4$ kW。岷江在四川省内各大河流中属于少沙河流,据高扬站资料统计,多年平均含沙量0.58kg/ m^3,但由于水量丰富,年输沙量仍在$500×10^4$ t以上。其中大渡河年输沙量$316×10^4$ t,占岷江年输沙量的63.2%。

5. 沱江

沱江是长江上游支流,位于西南地区中部。发源于茂汶东南边境的九顶山南麓,源头有三:东源绵远河,中源石亭江,西源湔江,其中绵远河为干流。另外还接受一部分岷江水系,流至金堂赵镇后始称沱江。向东南流至泸州市注入长江,全长712 km,流域面积$3.29×10^4$ km^2。

沱江支流较多,流域面积超过1000 km^2的8条,其中釜溪河流域面积最大,为3540 km^2。从源头至金堂赵镇为上游,长127 km,称绵远河;从赵镇至内江为中游;内江以下为下游。

流域多年平均降水量1200 mm,年径流量$3.51×10^{10}$ m^3,其中岷江补给约占33.4%。水力资源蕴藏量约$186.7×10^4$ kW。干流长年可通木船、机动船,中下游支流多已渠化。截至2019年沱江流域森林覆被率为33%,为四川各河中偏低,其含沙量也较大,泥沙来源主要是下游地区。

6. 嘉陵江

嘉陵江位于长江的左岸,发源于甘南藏族自治州碌曲县郎木寺镇西的7.5 km的曲哈尔登泉水群,流经陕西省、甘肃省、四川省、重庆市,在重庆市朝天门汇入长江。全长1120 km,流域面积$16×10^4$ km^2(干流$8.88×10^4$ km^2),在长江支流中流域面积仅次于汉水,长度仅次于雅砻江,流量仅次于岷江。

嘉陵江径流量主要来自降水,但地下水补给量也占重要地位。由于水系呈向心状,干支流洪水容易同时集中,常形成历时短暂而来势凶猛的高洪峰,造成长江上游的洪灾威胁。同时,径流量的季节、年际变化大,因此洪水灾害时有发生。嘉陵江是长江水系含沙量最大的河流,含沙量的季节变化显著,年内含沙量最大值出现于7月,最小值出现于1月,这与其流域内降水的季节变化、分布有深厚的黄土有关。

7.乌江

乌江为川江南岸最大的支流,发源于贵州省西部乌蒙山南麓三岔河,流经贵州北及重庆东南酉阳、彭水,在重庆市涪陵区注入长江。乌江干流全长1037 km,流域面积$8.79×10^4$ km²。

乌江年径流量$519×10^8$ m³,补给以降水为主,其次是地下水。径流量年内分布不均,6~8月径流量占年径流量的50%,5~10月占80%,乌江属于少沙河流,多年平均输沙量为$2769×10^4$ t。

乌江支流较多,水系呈羽状分布,流域面积超过1000 km²的有24条。流域地势西南高,东北低,由于地势高差大,切割强,自然景观垂直变化明显。

水力资源得天独厚,全流域水力资源理论蕴藏量达$1042×10^4$ kW,在长江各大支流中居第三位。

8.赤水河

赤水河是长江上游南岸较大的支流,因河流含沙量高、水色赤黄而得名。发源于云南省镇雄县鱼洞乡,故上游称鱼洞河,至川黔滇三省交界处后称毕数河,至四川古蔺南部赤水镇后始称赤水河,沿川黔边境环流,于古蔺太平渡北入贵州习水,经赤水市入四川,于合江县城注入长江。全长444.5 km,流域面积$2.04×10^4$ km²。

赤水河河川径流补给以降水补给为主,地下水补给亦较为丰富。洪、枯流量变幅大,下游赤水站年径流量$83.5×10^8$ m³,汛期(5~9月)$55×10^8$ m³,占全年的65%。河流含沙量较小,年输沙量$718×10^4$ t。水能蕴藏量$127×10^4$ kW。

9.元江(红河)

元江即红河,发源于云南大理州巍山县境内,至南涧县城以东与东源苴力河汇合后称礼杜江,大致作西北—东南走向,进入元江县后称为元江,继续向东南至河口镇进入越南更名红河,在越南海防附近注入南海。元江在我国境内长772 km,流域面积$3.49×10^4$ km²,主要支流有李仙江、藤条江、盘龙江、南利河、百都河等,其干流长692 km,流域面积76276 km²。

元江水资源丰富,径流丰沛,主要靠降水补给,也有一定地下水补给。年平均径流量410 m³/s,而多年平均输沙量$2989×10^4$t,水蚀模数925 t/km²·a,含沙量为其西侧澜沧江的4倍多。流域内洪水主要由暴雨形成,一般洪峰历时较短,洪水暴涨暴落,河床水位变幅较大。

四、主要湖泊简介

1.滇池

滇池是西南地区最大的湖泊,也是中国第六大淡水湖。位于昆明坝子的西南部,属典型断层湖。滇池属金沙江水系,湖水依靠地表水和地下水补给。入湖支流有20余条,大多短小。湖水经由海口河(螳螂川)排入普渡河,最后汇入奔腾的金沙江。滇池的流域面积为2855 km²,湖面面积298 km²,南北长约40.5 km,东西平均宽为7.4 km,最宽处14.2 km,湖岸线长150 km,其中沙岸几乎占90%,岩岸主要分布在西岸,仅占10%。平均水深5.12 m,最深处为11.3 m,蓄水量为15.93×10⁸ m³。属水资源缺少地区,且年际变化大,存在连续丰水、连续枯水长周期变化的特点。

滇池是云南高原上的一颗明珠,既具有灌溉、工业、水运、人工养殖的良好条件,也对昆明地区的气候起到调节作用。围绕滇池的旅游度假业也逐渐发展起来,沿岸有西山、大观楼、白鱼口、民族村等著名的风景区和疗养胜地。

2.洱海

洱海位于滇西大理白族自治州点苍山的东麓下,属于断层湖,海拔1972 m,中国淡水湖中居第7位。洱海属澜沧江水系,湖水经下关附近的西洱河向西南流入漾濞江,最后注入入澜沧江。洱海属西南地区第二大湖,流域面积为2565 km²,湖面面积253 km²,形状如耳,南北长41.5 km,东西平均宽仅6.1 km,湖岸长116.9 km,平均水深10.5 m,蓄水量约29.5×10⁸ m³。

洱海水能资源丰富,西洱河下泄注入澜沧江,23 km流程间水面下降约610 m。湍急的水流把河谷切割成险峻的深峡,为引水发电提供优越条件,现已建成的西洱河梯级水电站,分4级研发,均为引水式电站,共利用落差608 m,利用率为99.7%;总装机容量255MW,多年平均年发电量合计9.03×10⁸ kW·h。洱海风光绮丽,湖水清澈,与苍山、大理、下关等地名胜古迹组合形成了著名的旅游地。

3.抚仙湖

抚仙湖位于滇中澄江县、玉溪市江川区和华宁县之间,为一南北向的断层陷落构造湖。形状如倒置的葫芦,中间小两端大,北部深而宽,南部浅而窄。南北湖长31.8 km,东西平均宽6.6 km,最宽处达12.5 km,最窄处仅4 km,湖面面积212 km²,湖岸线长90.6 km。东西两侧为岩岸,北岸主要为沙岸。平均水深87 m,最大水深151.5 m,为我国第二大深水湖泊。贮水量185×10⁸ m³,约占云南高原湖泊总贮水量(280×10⁸ m³)的65%。由于水深,河流补给少(主要为地下水和降水),湖水透明度高,一般在7~10 m之间,最大可达12.5 m,水色极清,为青绿色。

湖东的海口河东流入南盘江,因此抚仙湖属盘江水系。海口河不长,仅4.5 km,但落差达385 m,平均坡降达27%,蕴藏着丰富的水能资源,目前已建有水电站。

4.泸沽湖

泸沽湖位于云南省宁蒗彝族自治县和四川省盐源彝族自治县之间,为川滇共辖,也属于断层陷落构造湖,湖面海拔2685 m,为海拔较高的湖泊之一,也是中国第三大深水湖泊。湖泊面积51.8 km²,流域面积247.6 km²,湖水库容量为22.52×10⁸ m³,湖长9.4 km,平均湖宽5.3 km,形状似蹄形,南北长东西短。平均水深为40.3 m,最大水深105.3 m,深度仅次于抚仙湖,居云南第二位。

泸沽湖是一个外流淡水湖泊,属金沙江水系,主要由周围注入的山溪和喀斯特泉水补给,湖水没有明显的出口,在湖东南部排出,形成祖盖河,然后注入理塘河、雅砻江,最后流入金沙江,故属金沙江水系。

5.邛海

邛海位于川西南部西昌城东南,为第三纪末邛海断陷盆地形成时所形成的断陷湖,为四川第一大湖。南北长71.5 km,东西宽5.5 km,周长35 km。水域面积31 km²,湖水平均深14 m,最深处34 m。贮水量3.2×10⁸ m³。湖面平均海拔1507~1509 m,水位变幅较小。流域面积约300 km²。湖水来源主要是大气降水和四周各溪流形成的地表径流。邛海湖水较清,透明度在1.6~3.5 m。

邛海内水草丰盛,盛产鱼类,多为人工养殖。其景色秀美,四季各异,气候宜人,现已为旅游区。

6.草海

草海位于贵州省西部咸宁县城西南部,为我国典型的喀斯特湖。水域面积46.5 k m³,南北长约40 km,东西长约4~8 km,海拔为2170 m,平均深度大约为2 m,最深可达5 m。草海的水源补给以大气降水为主,其次为地下水补给,受降雨影响,草海湖水域面积因季节而发生变化。

五、冰川与沼泽

西南地区的冰川不多,集中分布在西部横断山区高原面上的几座山峰附近,冰川总面积约1618 km²（少部分不在西南地区内），其中贡嘎山地区冰川面积达445 km²。贡嘎山海螺沟冰川长14.5 km，成为西南地区最长的冰川。云南玉龙雪山的冰川是我国现代冰川的最南界。横断山区每年冰川融水量约51×10⁸ m³。此外高原上沼泽草甸地分布较广，但面积一般不大，只有西北部阿坝、红原和若尔盖地区，地势低洼，河流众多，迂回曲折，排水不畅，形成了我国第二大沼泽地——若尔盖沼泽。

第二节　水资源的开发利用

一、水利资源

西南地区水利资源具有许多优越的条件。首先，水资源总量丰富，2017年西南地区水资源总量达6025.9×10⁸ m³，占全国水资源总量的四分之一。其次，年际变化较小，年变化系数多在0.2~0.5之间，较全国大部分地区包括华北、东北、西北及长江中下游一些地区都小。年径流年际变化和缓，相对稳定，有利于径流资源的利用。再次，水量大，落差大，水能资源丰富，居全国第一位。

但本区水资源利用也存在一些不利因素。第一，水资源空间分布不均，利用存在一定困难。第二，水资源年内分配不均，在时程分配上，一般全年60%~70%的水量多集中在6~9月，3~5月仅占全年的10%~25%，因此常形成雨季水量过剩，甚至形成洪涝。第三，西南地区石灰岩分布广，喀斯特地貌发育，地表水漏失严重，造成地面缺水干旱。第四，西南地区河流多属山区性质河流，坡陡流急，洪枯水位变幅大，不利航运，通航里程短。

二、水能资源

西南地区河流众多、径流丰沛、山地多、落差大，其水能资源具有以下优势：第一，水能资源极为丰富，理论蕴藏量占全国总量的2/3，技术可开发量4.25×10⁸ kW，占全国总量的71%，居全国首位。第二，不少大中型水电靠近电源负荷中心，可就近供电。第三，开发条件优越，大中型电站很多位于高山峡谷间，岩性坚硬，可建高坝，易获得高水头，且坝线短，工程量小，淹没损失不大。第四，开发目标单一，西南地区水能发电主要支出项是发电，单位千瓦工程量小，造价低。

具有以上有利条件的同时，还存在以下不利因素：第一，由于水能资源主要在横断山地,交通不便,施工困难;电站偏离用电中心,输电线路较长,建设投资较大。第二,降水过分集中,尤其西南地区西部干湿季节明显,径流洪枯流量相差大,影响水电站全年电力供应的稳定性。第三,西南还有不少河流和电源点分布在石灰岩区,喀斯特地貌发育,工程地质和水文地质条件复杂,勘探和工程处理工作量大。

三、水资源开发利用中存在的问题

1.工程性缺水严重,水供需矛盾突出

西南地区年均降雨量在600~1200 mm之间,是我国湿润地区,水资源丰富,但是由于该地区主要分布在盆地腹地及河流分水岭的高原面上,水资源的分布与用水极不协调,水利工程基础建设薄弱。

西南地区是我国南方水田耕作区的主要组成部分,由于工程性缺水,当地农田灌溉程度很低,灌溉率只有44.7%,仅为长江中下游地区的58%、东南沿海地区的49%,其中,贵州省农田灌溉率只有26%,严重制约当地农业生产,导致人民生活贫困加剧。

由于缺乏控制性水利工程,西南地区水旱灾害频繁,如山洪暴发、泥石流等,区域洪水得不到妥善治理,给当地人民生产和生活带来极大危害。除此以外,水源工程缺乏导致西南局部地区人畜饮水困难,当地人民守着水库没水喝的现象普遍存在,严重制约地方经济的发展和人民生活水平的提高。

2.水资源开发利用程度低

西南地区是我国水能资源最富集的地区,该区水能资源开发条件十分优越。截至2016年底,水电装机容量$1.35×10^8$ kW,开发程度仅为31.7%(按装机计算)。相比发达国家较高的水电开发度,如瑞士92%、法国88%、意大利86%、德国74%、日本73%、美国67%,我国西南水电开发潜力巨大。具体来看,西南水电资源主要集中在金沙江、雅砻江、澜沧江、怒江、大渡河等"五江一河"流域,各流域干流规划总装机约$3.8×10^8$ kW,目前已建成装机项目$0.78×10^4$ kW,在建项目装机$0.47×10^4$ kW,尚有$2.55×10^8$ kW水电未开发,待开发水电比重超过67%。

3.水质日趋恶化

西南地区地表水污染有日益增加的趋势,主要污染源有二:一是向江河排放未经处理的废水、污水;二是随着农村化肥、农药的大量使用,致使许多江河遭受不同程度的污染。

但各地因受污染程度的不同而出现较大差异,主要体现在以下几点:

(1)水系干流径流量大,污染较小

四川的金沙江、长江干流、贵州的乌江、北盘江、云南的澜沧江、怒江等,由于流域面积广大,河流流量大,自然净化能力强,水质保持良好。

(2)城镇及工业集中区局部河段受污染严重

城镇及工业集中区局部河段污染主要分为两种情况:一是河流径流量较小,沿河城镇及工业区又较多,污水排入后,稀释能力有限而使河流受到污染;另一种是河流的水质较好,但局部河段受到了一定程度的污染。

(3)大中城市及工业区附近的二、三级支流污染最严重

大中城市及工业区附近的二、三级支流流速慢,流量小,净化能力弱,因而受污染严重,往往形成数公里至数十公里长的污染带。

4.地表侵蚀严重,生态环境恶化

西南地区位于我国大江大河上游地区,山地面积广,地形起伏大,加之位于热带、亚热带地区,降水量大,且多暴雨,山地植被一旦遭到破坏,就会引起严重的水土流失。水土流失是造成本区生态环境恶化的根本原因。随着人口增加、森林破坏、陡坡种植,或者矿产资源的无序开发,引起严重的水土流失,一方面造成土地质量退化、产量下降,另一方面易诱发许多山地灾害,尤其是山地泥石流,严重威胁人民生命财产安全,使生态环境直接遭到严重破坏,进而影响着本区的可持续发展。

水土流失向河流输送大量泥沙,西南地区每年向河流中下游输出泥沙量达$8.7×10^8t$,使河床不断抬高,湖泊萎缩,减小了河道、湖泊蓄洪、泄洪能力,洪水威胁非常严重。

思考题

1.西南地区径流的补给形式有哪几种?

2.西南地区径流的年际、年内变化特征是什么?

3.西南地区的水能资源利用现状如何?

参考文献

[1] 杨宗干,赵汝植.西南区自然地理[M].重庆:西南师范大学出版社,1994.

[2] 何太蓉,郭跃.四川盆地及其邻区地理学野外综合实习指导教程[M].北京:科学出版社,2017.6.

[3] 张兆干.庐山地区地理学野外实习指南[M].北京:科学出版社,2001.

[4] 黄钰铃,惠二青,员学锋,李靖.西南地区水资源可持续开发与利用[J].水资源与水工程学报,2005(02):46-49.

[5] 陈传友.西南水资源及其开发[J].科学对社会的影响,1995(01):44-52.

[6] 赵汝植.西南区的河流特征与水资源[J].西南师范学院学报(自然科学版),1983(04):59-66.

[7] 陈传友.西南地区水资源及其评价[J].自然资源学报,1992(04):312-328.

[8] 韦海念.云南风电资源开发现状及特点浅谈[J].硅谷,2013(24):10-11.

[9] 黎昌谷.峨眉山东坡垂直自然带[J].山地研究,1990(01):39-44.

第六章　西南地区土壤概况

第一节　土壤总体特征

一、地带性土壤以热带、亚热带土壤为主,类型多样

西南地区地带性土壤主要为热带亚热带气候环境下发育的砖红壤、赤红壤、红壤、黄壤和黄棕壤等。砖红壤仅分布于滇南河谷低地;赤红壤、红壤、燥红土主要分布于云贵高原;红壤及黄红壤遍布川西南山地河谷,主要在安宁河、金沙江、雅砻江1100~1800 m处的谷坡阶地以及湖盆台地;黄壤主要分布于贵州高原1300 m以下的高原面和渝南山地、四川盆地四周的山地、盆地内沿江两岸及川西平原的1000~1200 m阶地和丘陵上;黄棕壤主要分布于重庆北部低山丘陵区。沿岷江、大渡河、雅砻江、金沙江上游河谷两侧分布有棕壤、暗棕壤、褐土等。

二、初育土分布广

西南地区初育土分布很广,主要初育土类有紫色土类、石灰土类,云南腾冲一带有火山灰土类。紫色土类以四川盆地及其边缘800 m以下的低山丘陵分布最集中,滇中高原及黔北赤水河谷也有小片分布。紫色土分为酸性紫色土、中性紫色土和石灰性紫色土3个亚类,其硅铁铝率与母质相差甚微,颜色与母质相近,盐基淋溶后不断从母质获得补充,有机质含量偏低而矿质营养丰富,质地多为壤土。石灰土类与碳酸盐岩分布一致,并与铁铝土纲和淋溶土纲的土壤成复区分布。石灰土类可分为黑色石灰土、黄色石灰土和红色石灰土三个亚类,此类土壤虽较肥沃,但通常土层较薄,且缺水易旱。

三、土壤垂直分异显著，垂直带谱齐全

起伏巨大的地势造就了西南地区丰富多样的土壤垂直带谱，尤其以横断山地和川西北山地垂直性表现最充分和完备。横断山地从东南到西北，依地势分布着山地暗棕壤和亚高山草甸土带。川西北高山区，褐土分布在海拔 1000~2500 m 处，棕壤分布在海拔 2000~2700 m，暗棕壤分布在海拔 2800~3000 m 的山原中上部，高山草甸土分布于海拔 3000~4700 m，高山寒漠土分布于雪线以下 4700~5000 m 高原及高山顶部。

第二节　成土因素

一、生物气候

西南地区土壤的形成，母质、地貌等非地带性因素固然具有重要作用，但地带性的生物气候因素也打上了较深的烙印。表现在不同的生物气候带发育有不同的土壤，如从滇南至川西北，依次出现北热带雨林季雨林—砖红壤，南亚热带季雨林—赤红壤，中亚热带常绿阔叶林—红、黄壤，北亚热带常绿阔叶与落叶阔叶混交林—黄棕壤，暖温带针阔叶林混交林—棕壤，温带针叶林—漂灰土，寒温带亚高山、高山草甸—亚高山、高山草甸土等。

本区从大范围看，生物气候可分为三大片，各片都有与之相适应的主要土壤类型。云南高原和川西南同属一大片，这里的气候干湿季节较明显，植被属偏干的热带、亚热带森林类型，相应的土壤以红壤为主。贵州高原和四川盆地为另一大片，气候干湿季节不如西部明显，冬春降水相对较多，植被为偏湿性常绿阔叶林，土壤主要属湿润环境下形成的黄壤。滇西北及川西为又一大片，气候寒冷，以暗针叶林为主，气候、植被垂直分带明显，相应土壤属漂灰土与高山土系列。

二、母质

母质是土壤形成的物质基础。成土母质的物理特性如机械性质、紧实度、渗透性和矿物组成等对土壤的机械组成性状、水分、淋溶等过程密切相关。母质的化学组成对土壤的化学性质及化学反应关系也极密切。西南地区成土母质多种多样，但主要是各种母岩的风化物，由于各地母岩性质不同，其风化物性质也有差异，不仅影响了土壤的发育过程，而且

有的还影响土壤理化性质,如四川盆地广泛分布的侏罗系、白垩系紫色砂泥岩,易于风化,其风化物的质地又因岩性不同而有差别。紫色砂岩风化物上发育的土壤质地轻而通透,泥岩风化物发育的土壤则质地偏粘重。岩性还影响土壤的化学性质,如白垩系夹关组紫红色砂岩风化物含盐基物质较少,风化成土后,土壤呈酸性反应;相反,在含碳酸钙多的紫色泥岩风化物发育的土壤则呈中性、碱性反应。贵州、滇东、川南碳酸盐类岩成片分布,也因母岩所含成分的差异,其风化物对土壤性质的影响常有不同。纯质石灰岩的风化物含钙丰富,易形成腐殖质碳酸盐土(黑色石灰土);白云岩风化物多粉砂粒,透水性好;泥质灰岩风化物,常较深厚,黏粒含量高而质地黏重,透水性差。川西、滇西多变质岩、岩浆岩,对土壤的形成也有影响;千枚岩、板岩等,因经历轻变质作用,抗风化力稍强,加上侵蚀作用,故风化物厚度一般不大,并常夹有母岩碎片,使透水性较强;玄武岩为一种岩浆岩,抗风化力弱,风化物深厚,质地均匀且较粘重,含铁镁矿物较多,通常呈暗红色,在此风化物上形成的土壤,氧化铁的含量也较高。

三、地貌

地貌和其他因素不同,对土壤形成过程的影响是间接的,是通过对水热状况和物质的再分配而起作用。表现在下列几方面:第一,西南地区山地多,绝对高度和相对高度都较大,生物气候垂直分带很明显,因而造成了土壤随高度变化而有规律的更替。第二,前述从滇南到川西北出现从热带砖红壤到寒温带高山草甸土的变化,纬度固然起了作用,但更重要的是高度的急剧变化,否则不会在这么短的距离内,有如此多的土壤带迅速更替。第三,一些中小地貌,也同样表现出对水分及物质的再分配作用,而影响土壤的发育。如四川盆地丘陵顶部到坡脚,分别出现石骨子土、紫泥土和紫泥田,土层厚度、水分、养分情况都有差异。第四,山地的坡向、坡度对土壤形成也有影响。如川西、滇西山地的迎风坡和背风坡,水分情况差异较大,导致土壤类型及组合的不同。有些山体阴坡为森林,阳坡为灌丛草本植物,所形成的土壤类型也就不同。山地、丘陵的陡坡地区,土壤侵蚀严重,多发育为幼年粗骨土。在坡度较缓,土壤侵蚀轻微的地段,土壤剖面层次发育比较完整。

四、成土时间

时间是成土过程的历史背景,在一般情况下,时间愈长,土壤受地带性的生物气候因素作用的强度愈大,土壤发育的程度亦愈深,从受母质影响大的幼年土,逐渐发育形成地带性土壤。例如石灰性紫色土,在湿润的亚热带气候及自然植被条件下,经过长期的成土作用,可以由石灰性紫色土,演变成酸性紫色土,最后发育成红壤或黄壤。云南高原红壤的形成,不仅有近代成土因素的作用,而且有地质年代的影响,在第三纪末与第四纪初,云南高原地势较低,气候湿热,因此形成了范围较广的古红色风化壳和古土壤,一直遗留至今,故该地的风化壳特别厚,而且能分布在海拔较高的地方,如滇西北可达3200 m的高度,在近代气候条件下,这样的高度是不可能形成红壤的。

五、人类生产活动

自人类出现后,土壤的形成、演化就受到人类活动的影响,而且随人类社会的发展,影响的范围越来越广,程度越来越深,这种影响包括积极和消极两个方面。例如在农业耕地中,将近一半的水田土壤就是在人类水耕条件下,由原始的地带性和非地带性土壤发育成各种类型的水稻土。在长期种植水稻过程中,使母土形成了特有的淹育层、潴育层及漂洗层。人们为了改善土壤的水分状况,在一些地下水位高,排水困难的坝地,修建排水渠道,使地下水位降低,从而改变了土壤的沼泽化过程,土壤向着一定的熟化方向发展。山区坡地通过造林绿化,平整土地,修筑梯田、梯土,改变了自然状况下对地面水热条件和物质的再分配。或通过施用化肥、有机肥、种植绿肥等改善土壤的结构,都可提高土壤的肥力。如贵州大面积的黄壤,多呈酸性反应,在施肥的影响下,土壤中盐基含量不断增加,土壤交换性阳离子组成相应发生变化,从而降低了土壤酸度,有利于作物的生长。但也有一部分土壤,因工业废水、生活污水的流入遭到污染,或是迄今仍在滇南、川西经常可见的不合理的刀耕火种、毁林开荒、陡坡开荒,至今四川盆地丘陵区还习惯于顺坡耕作等,都容易引起水土流失,导致土壤肥力迅速降低。

第三节　主要土壤类型及分布

一、铁铝土纲

包括砖红壤、赤红壤、红壤、黄壤四个土类。共同特点是具有富铝化过程和生物积累作用,一方面土体中的硅酸类矿物被强烈地分解,硅和盐基遭到淋失,而铁铝等氧化物则明显聚积;黏粒与次生矿物不断形成;另一方面由于生物的富集和土壤与植物间的物质循环与交换,大大丰富了土壤养分物质的来源,促进土壤肥力的发展。土壤呈酸性反应,盐基不饱和,硅铝率较低,黏土矿物以高岭石和铁氧化物为主(表6-1)。

表6-1　西南地区主要土壤类型

土纲	土类
铁铝土	砖红壤 赤红壤 红壤 黄壤
半淋溶土	燥红土
淋溶土	黄棕壤 棕壤 暗棕壤 漂灰土
水成土	沼泽土
半水成土	潮土
初育土	紫色土 石灰土
人为土	水稻土
高山土	亚高山草甸土 高山草甸土

(一)砖红壤

分布于云南省南部及西部边远地区,包括文山、红河、西双版纳、临沧、德宏等地州海拔较低的河谷地带。哀牢山以东海拔在400 m以下,哀牢山以西海拔在800 m以下。是在高温多雨、干湿季明显的北热带气候和热带雨林、季雨林植被条件下发育起来的土壤。根据砖红壤的特性和所处环境条件的不同,又分为黄色砖红壤、红色砖红壤和褐色砖红壤三个亚类。

(二)赤红壤

过去曾称为砖红壤性红壤或砖红壤化红壤,为亚热带季风常绿阔叶林地区代表性土壤,主要分布于云南南部及西南部,包括文山、红河、普洱、临沧、德宏等部分地区及热带基带上部,海拔800~1400 m之间的地区。另外在贵州南部海拔500 m以下,西南部海拔700 m以下的低海拔地区,赤红壤多呈星点状或沿沟谷呈鸡爪状分布。赤红壤分布区,气候特点介于砖红壤与红壤之间,年均温约18 ℃~20 ℃,≥10 ℃积温6500 ℃~7500 ℃,年降水量1000~1500 mm,地带性植被为南亚热带季风常绿阔叶林。

(三)红壤

是西南地区分布较广的土壤,集中于滇中、滇西和川西南,贵州南部、西南部海拔较低处也有少量分布。这些地区的气候多属中亚热带高原季风气候,年均温14 ℃~17 ℃,无霜期240~280天,年降水量1000~1700 mm之间,降水的季节分配不均,干湿季分明。植被为亚热带干性常绿阔叶林,常见树种有滇青冈、高山栲、元江栲等,其次是云南松林。成土母岩有砂页岩、玄武岩、花岗岩,千枚岩及第四纪红色黏土等,不同的母质,形成土壤理化性质有差异。

（四）黄壤

主要分布于我国川黔两省。贵州省分布最广，集中于黔中、黔北，次为四川，多见于盆周山地。云南的面积较小，主要分布于滇东北1900 m以下的地区。黄壤形成于湿润的亚热带生物气候条件下，纬度大致和红壤相似，但热量条件较同纬度地带的红壤略低，水分条件却较好，多云雾、少日照、湿度大、干湿季不太明显，这是黄壤形成的重要因素。地带性植被一般为亚热带湿性常绿阔叶林，部分为常绿与落叶阔叶混交林。母质以发育在砂页岩上的较具有代表性，土壤湿润。其次为发育在红色黏土上的黄壤，质地黏重，结构差，土壤养分略低。

二、半淋溶土纲

半淋溶土顾名思义属弱度淋溶的土壤，土壤的共性是碳酸盐类已经在剖面中发生淋溶与累积，但均未从土体中完全淋失，本区主要是燥红土。

燥红土过去曾称为热带稀树草原土、红褐土等，主要分布于深切的干热河谷地区，面积不大，以元江中下游相对较多，其次是怒江中下游及金沙江中下游，南盘江与红水河间的峡谷地段也有少许分布。燥红土是在热带干热的生物气候条件下形成的一种特殊土壤，以上各地由于河流强烈下切，形成高山峡谷，两侧高大山体不仅阻碍了水汽的深入，并使河谷成为背风的雨影区，具有气温高，酷热期长，热量丰富而降雨量少，旱季长，蒸发量大的气候特点，成为燥红土发育的特殊地段。天然植被为热带稀树草原或热带稀树灌丛草原。

三、淋溶土纲

包括黄棕壤、棕壤、暗棕壤和漂灰土等土类。它们都是在酸性环境中进行着腐殖质的累积，次生黏化和淋溶—沉积作用一般比较明显，除黄棕壤外，还具有不同程度的灰化或假灰化特征。

（一）黄棕壤

黄棕壤在西南地区出露面积较小，常见于中山垂直带谱中。如四川盆周山地，贵州大娄山、梵净山，云南东部的乌蒙山地等，是黄壤向棕壤或暗棕壤过渡的土壤，具有脱钙、黏化与微弱的富铝化特征，较山地黄壤肥力高。

（二）棕壤

是西南地区山地垂直带中主要土类之一。主要分布在四川盆周山地及川、滇西部中山的山体中、上部和高山下部,一般在1500~3000 m范围内,海拔高度较之棕壤高。植被为阔叶林或针阔混交林,如栎类、桦木、铁杉、槭树等。

（三）暗棕壤

又称暗棕色森林土,过去曾称灰化土、灰棕壤。分布于四川盆地西缘2000~3200 m的山地。此外在川西南山地上部,滇西北和滇东北3000~4000 m的高山地区也有分布,属山地垂直带的一个类型,在棕壤之上,漂灰土之下。全年气候冷凉,多云雾,夏季短暂。大部分雨量降落在植物生长期内,水热条件配合较好。

（四）漂灰土

又称棕色泰加林土、灰化土,棕色针叶林土等,分布于川西、滇西北高山峡谷区及四川盆周山地西北部的高山中、上段,海拔2500~4200 m。气候为高山亚寒带及寒温带,年均温－1 ℃~6℃。年降水量分布不均。在500~1500 mm间,植被主要是针叶树种,多柔毛冷杉、长苞冷杉等。林下有杜鹃、竹类;地被物和树上均有苔藓。可是在同样植被条件下,如气候较干燥,则形成棕壤或暗棕壤。故在同一带谱内,二者呈复区分布,但一般情况下,漂灰土在棕壤或暗棕壤之上,而在高山及亚高山草甸土之下。

四、水成土纲

指成土过程中长期或季节性(周期性)受到水分浸润或饱和的土壤,本区主要是沼泽土。

主要分布于川西北若尔盖和红原县白河和黑河流域的河谷地区,以中、下游较多。其中黑河流域面积较大。气候多属寒温带,冷季低温,暖季多雨,年降水量500~800 mm,多集中于夏季。地表起伏平缓,多漫滩、碟形洼地、山间盆地和古河道。加上成土母质为黏质河湖沉积物,透水性差,容易造成水分积聚。生长喜湿性沼泽草甸植物或沼泽植被,以莎草科植物为主。

五、半水成土纲

半水成土,是直接受地下水浸润和土层暂时滞水的土壤,本区主要是潮土。

潮土过去曾称为冲积土,面积较小,集中分布于成都平原和各江河的两岸阶地。直接发育在河流沉积物上,受地下水影响,并经不断耕种熟化而成的一类土壤。潮土分布区的气候,以亚热带为主,但也包括其他热量带,其植被也随气候带而异。发育于各种岩石风化物,经流水搬运沉积所成冲积母质上。

六、初育土纲

土壤的形成都和一定的母岩(或母质)紧密联系,与其他土类系列的区别,在于发育阶段相对年幼,母质特征表现明显。本区主要为紫色土和石灰土。

(一)紫色土

是亚热带地区由紫色泥岩、页岩及砂岩风化形成的一种初育土,以四川盆地的丘陵和海拔 800 m 以下的低山及盆周山地分布最为集中,凉山州各县海拔 1000~3000 m 的中山地区亦有分布,故四川是我国紫色土分布最广的省份。云南高原中部海拔 1500~2200 m 处也有连片分布,贵州则主要分布于赤水河下游的赤水、习水一带。在亚热带气候生物的影响下,紫色土的形成以母质为主导因素,其土质也主要决定于母岩的性质。紫色土主要依据母岩的差异,一般分为酸性紫色土、中性紫色土和钙质紫色土三亚类。总的看,紫色土母岩松脆,易于风化分解,成土较快,矿质养分丰富,土壤肥力较高,适种作物广,紫色土分布区是粮、棉、油、蔗、麻、果的重要生产基地。

(二)石灰土

在热带、亚热带地区,由碳酸盐岩风化发育的土壤与地带性土壤的砖红壤、红壤不同,呈中性及微碱性反应,土体中常含有少量游离碳酸盐,称为石灰土。以贵州分布最广,主要集中在南部、西南部,其次为东北部,滇东南也较多。四川盆周山地,川西南山地和盆地内的低中山亦有分布,但较零星。石灰土一般与黄壤、黄棕壤、红壤呈复区分布。根据发育程度及腐殖质含量,可分为黑色石灰土、黄色石灰土、红色石灰土三亚类,川、黔多黑色、黄色石灰土,云南多红色石灰土。石灰土有机质含量高,结构好,质地疏松,盐基含量高,是亚热带地区较肥沃的土壤类型。

七、人为土纲

本区主要为水稻土。

是各类土壤经长期种植水稻和水耕熟化而形成的人工水成土壤。西南地区水稻土分布广泛,以成都平原、嘉陵江、岷江、渠江中下游和长江沿岸分布最广。云南、贵州以河流沿岸阶地、山间盆地、谷地较为集中。在上述区域内的水稻土常与紫色土、石灰土、黄壤、红壤、潮土等呈复区分布。水稻土的母土在种植水稻过程中,由于人为耕作、施肥、灌溉等一系列农业技术措施的影响,改变了原来自然土壤的性质。水稻土具有土层厚,有机质和氮、磷、钾含量比旱作土高,质地和酸碱度适中,稳水稳热等特点,生产性能好,是西南地区农业生产的主要土壤,但也有不少水稻土属低产土壤,必须根据其不同的低产原因,加以改良,以提高水稻的产量。

八、高山土纲

本区主要以亚高山草甸土、高山草甸土为主。高山土和其他土壤系列的差异,在于高山冻结与融化条件下,土壤有机质腐殖化程度低和矿物分解弱,土层浅薄,粗骨性强,层次分异不明显。

(一)亚高山草甸土

曾称黑毡土,主要分布在海拔3000~3800 m的川西山地或高原,处于森林线上下的无林开阔地带,范围较广,云南仅滇西北有小块分布。气候属寒温带,植被为亚高山草甸草本植物,有小嵩草,小苔草,珠芽蓼等,成土过程以有机质积累过程和冻融过程为主,成土作用较高山草甸土明显增强。

(二)高山草甸土

曾称草毡土,分布于川西北高原的石渠、色达、甘孜至理塘一带,海拔3800~4800 m,分布范围远比亚高山草甸土小。气候较亚高山草甸土分布区寒冷,冻土时间长,植被类型与亚高山草甸土上的高寒草甸相似。但垫状植物增加,草层低矮,结构简单。高山草甸土是由受寒冻风化作用崩解的岩块及岩屑、土粒在高山草甸植被下发育而成。

思考题

1.概述西南地区土壤特征。

2.试述西南地区土壤分布概况。

3.分析西南地区土壤条件对农业的影响。

参考文献

[1]吕拉昌.中国地理(第二版)[M].北京:科学出版社,2016.

[2]李天杰,赵烨,张科利,等.土壤地理学(第三版)[M].北京:高等教育出版社,2004.

[3]朱鹤健,陈健飞,陈松林,等.土壤地理学(第二版)[M].北京:高等教育出版社,2011.

[4]龚子同.中国土壤地理[M].北京:科学出版社,2014.

[5]海春兴,陈健飞.土壤地理学[M].北京:科学出版社,2017.

[6]杨宗干,赵汝植.西南区自然地理[M].重庆:西南师范大学出版社,1994.

[7]殷红梅,安裕伦.中国省市区地理:贵州地理[M].北京:北京师范大学出版社,2018.

[8]明庆忠,童绍玉.中国省市区地理:云南地理[M].北京:北京师范大学出版社,2016.

[9]王静爱.中国地理教程[M].北京:高等教育出版社,2007.

第七章　西南地区植被概况

第一节　植被基本特征

一、地带性植被与垂直带谱交织

西南地区地带性植被以亚热带常绿阔叶林和常绿落叶阔叶混交林为主,植被区系复杂多样。南部河谷盆地有小面积热带雨林和热带季雨林分布。从滇南、黔南到川北、渝陕边界亚热带植被随纬度变化。西南地区西部山地高原的植被垂直带谱几乎再现了东部季风区植被类型从热带到寒温带的全部纬度变化。横断山地从东南到西北,依气候、地势而变可划分为边缘热带季雨林带、亚热带常绿阔叶林带、暖温带、温带针阔叶混交林带、寒温带亚高山森林草甸带。其中亚热带常绿阔叶林带带谱结构最完整,具有从亚热带到永久冰雪带的所有分带,如贡嘎山东坡,依次分为山地亚热带常绿阔叶林带(海拔1000~2400 m)、山地暖温带针阔叶混交林带(海拔2400~2800 m)、山地温带、寒温带暗针叶林带(海拔2800~3500 m)、亚高山亚寒带灌丛草甸带(海拔3500~4400 m)、高山寒带流石滩植被带(海拔4400~4900 m)、极高山永久冰雪带(海拔4900 m以上)。

二、植被类型丰富且植物区系成分古老

西南地区主要植被类型包括热带雨林、热带季雨林、亚热带常绿阔叶林、亚热带针叶林、热带亚热带常绿与落叶阔叶灌丛、常绿与落叶阔叶混交林、落叶阔叶林、针阔叶混交林、山地寒温性针叶林、高山与亚高山灌丛、高山与亚高山草甸和竹林。植物区系成分古老,植物之丰富为其他区远远不及。据统计,云南省以426科、2597属和13278种,居各省(市、区)第一,被称为植物王国。其中科数占全国90.3%,属种占全国62.2%,种数占全国45.9%。四川及重庆241种,1624属,9324种;贵州284科,1543属,5593种。大多数植物科属种以热带、亚热带区系成分为主,但滇黔中部、横断山地和川西北高原也有许多温带与热

带亚热带成分相互渗透。

古老孑遗植物相当丰富。起源于晚古生代并在中生代一度极为繁荣的裸子植物,全球仅留有12科,中国只有10科,而西南地区10科俱全,且形成了若干新种;许多被子植物古老种属西南地区也有保留。同样起源古老的山毛榉科、樟科、金缕梅科、桑科、桦木科、杜鹃花科、胡桃科、山茶科等,是西南地区植被组成的重要成分,且有许多单种属、寡种属和1000个以上的特有种,尤以横断山地最多。

第二节 主要植被类型及分布

以"植物群落学—生态学原则"进行植被类型分类,将西南地区植被类型进行五级划分;第一级结构组,由建群生活型相近而且群落的形态外貌相似的植物群落联合而成。如阔叶林、针叶林、沼泽植被等。第二级群系纲,即在植被型组内,把建群组生活型(一或二级)相同或近似,同时对水热条件生态关系一致的植物群落联合而成。如雨林、常绿阔叶林等。第三级群系组,为植被型的辅助单位,在植被型内根据优势层片的差异进一步划分亚型。第四级群系,是在植被型或亚型范围内,根据建群种亲缘关系近似(同属或相近属),生活型(三或四级)近似或生境相似而划分。第五级亚群系,为重要的中级分类单位,凡建群种或共建种相同的植物群落为群系,这里根据不同情况,有的主要介绍二、三级(如阔叶林),有的则为四、五级(如针叶林)。

一、阔叶林

(一)雨林和季雨林

雨林分布于云南23°30′N以南,47°30′E~105°40′E间的低海拔地区。包括南溪河、元江、藤条江、李仙江下游,澜沧江及其支流罗梭江一带,还有滇西南属于怒江水系的南汀河下游。气候类型属热带季风气候,年均温大于21 ℃,≥10 ℃积温8000 ℃以上,年雨量1200~1600 mm,干湿季分明,降水85%集中于雨季,土壤为砖红壤。植被的主要区系组成是热带东南亚成分,其次是热带的其他成分。根据种类组成,群落结构和生境特点,云南南部热带雨林可分为三个群系组,九个群系。三个群系组中,以季节雨林分布最为广泛,具有地带代表性。湿润雨林是局部生境下发育的类型(滇东南)。山地雨林则仅是热带山地植被垂直带中的一个代表性类型。

季雨林主要分布于云南南部和西南部海拔1000 m以下宽广的河谷盆地中部或宽谷口,或保水性能较差的石灰岩山地。以德宏自治州及南汀河下游河谷分布面积最大。其分布北界与气候上的热带北界基本符合。年均温19℃~20℃,≥10℃积温为7500℃~8000℃。年降雨量大约1200 mm,分配极不均匀,每年5~10月的雨量占全年总降雨量的90%以上。土壤为砖红壤。由于云南季雨林的分布已达到热带的北界,因而在这一系列中,不仅有雨林向热带雨林过渡的类型,也还有季雨林向亚热带常绿阔叶林过渡的类型,类型多样。

(二)常绿阔叶林

常绿阔叶林是指由壳斗科、茶科、木兰科、樟科的常绿阔叶树种为主组成的森林,是西南地区分布最广的林型。由于所跨经纬度较多,南北气温和东西水分条件都有一定差异,故西南地区的常绿阔叶林又可分为三个植被亚型:季风常绿阔叶林、半湿润常绿阔叶林、湿性常绿阔叶林。

季风常绿阔叶林气候属南亚热带,故又称南亚热带常绿阔叶林。主要分布滇南、滇西南和滇东南一带的低海拔地区,及黔南的南、北盘江、红水河谷一带。海拔多为1000~1500 m,具夏热冬凉,干湿明显的气候特点。年均温17℃~20℃,最冷月均温10℃~12℃。年雨量1100~1700 mm。由于热量条件为全亚热带地区最好,所以地带性植被是南亚热带具有热带成分的常绿阔叶林,其种类成分以壳斗科、樟科、茶科种类为主。

半湿润常绿阔叶林也称偏干性或干性常绿阔叶林,为中亚热带西部地区的地带性植被。主要分布于滇中高原和川西南,海拔高度大致在1500~2500 m间的范围。气候具四季如春,干湿季分明,日照长,云雾少的特点。年均温15℃~17℃,≥10℃的活动积温5000℃~5500℃。年降水量900~1200 mm,大部分在雨季的7、8、9三个月内降落。土壤主要为红壤。

湿性常绿阔叶林也称偏湿性常绿阔叶林,为中亚热带东部地区的地带性植被,是西南地区分布最广的一种植被类型。四川二郎山、大相岭、小凉山以东的盆地底部和盆周山地的下部,贵州高原的大部,云南东北部,以及区内中山山地(属山地垂直带上的重要植被类型),均分布有此类型植被。其气候温暖,常年湿润,年平均温14℃~18℃,≥10℃积温4500℃~6000℃,年降水量一般大约1000 mm,虽也主要降于夏半年,但干湿季不如西部地区明显,土壤有黄壤、紫色土、红壤等。

(三)硬叶常绿阔叶林

又称高山栎林、亚热带硬叶常绿林、山地硬叶常绿阔叶林等。主要分布于云南北部和四川西部,贵州威宁、毕节、盘州市及梵净山地也有少量分布。垂直分布的海拔范围,低的大约1500 m,高的大约4000 m,主要分布范围在2600~3300 m。所以它在山地植被的垂直带中,跨越了暖性针叶林、温性针叶林、寒温性针叶林三个植被垂直带的范围。在川西、滇北区占有林地面积,仅次于亚高山针叶林。

(四)常绿、落叶阔叶混交林

常绿、落叶阔叶混交林是落叶阔叶林与常绿阔叶林之间的过渡类型,为本区山地垂直带谱中常见的一种植被类型。随着海拔升高,气温降低,喜温的常绿树种受到限制,耐寒的常绿阔叶树种和落叶阔叶树数种则有增加而形成混交林。它通常位于常绿阔叶林带之上,分布海拔高度由东向西逐渐增高,如贵州一般在1400~2100 m,四川1800~2300 m,云南高原上升到2700~3000 m。此外,在常绿阔叶林分布范围内,由于受到人类活动的影响,常绿阔叶林被破坏后,落叶树种则迅速侵入常绿林中,形成次生的混交林植被类型。

(五)落叶阔叶林

西南地区的落叶阔叶林是一种非地带性的、不稳定的植被类型。虽然分布地区广,垂直分布范围也较大,从几百米到三、四千米,但就其绝大多数类型来说,都是常绿阔叶林、常绿针叶林及常绿、落叶阔叶混交林等被砍伐破坏后形成的次生植被。因此本区的落叶阔叶林,与温带地区的落叶阔叶林相比,成因不相同。就气候来看,本区不仅在水平分布上,就是在山地生物气候的垂直分布上,都没有典型的落叶阔叶林的生物气候带。所以无论是水平分布或垂直方向,均不存在明显分带,而是呈斑块状或条状分布。

二、针叶林

是以针叶树为建群种所组成的各种森林群落的总称,它包括各种针叶纯林、针叶树种的混交林以及以针叶林为主的针阔叶混交林。西南地区针叶林的类型十分复杂,根据各种类型针叶林对热量条件要求的差异,可分为暖热性针叶林、暖温性针叶林、温凉性针叶林、寒温性针叶林四种植被型。现以群系为基本单位,对各植被类型阐述如下。

(一)暖热性针叶林

思茅松林相对集中分布于滇西南,范围较狭小,大致在24°24′N以南,99°05′E至102°E范围之内,属南亚热带气候,土壤以赤红壤为主,地带性植被类型为季风常绿阔叶林。思茅松林的群落结构简单,层次分明,有明显的乔木、灌木、草本三个层次。

(二)暖温性针叶林

分布于西南地区中亚热带的松柏类乔木所组成的森林群落。类型很多,其中马尾松林、杉木林和柏木林,为我国亚热带地区的三大针叶林。云南在中亚热带西部地区,分布面积广,木材蕴藏量丰富,也是主要森林资源。

1.马尾松林

我国亚热带东部湿润地区分布最广,资源最丰富的森林群落。四川盆地、贵州东部、中部等广大地区都有大面积的马尾松林分布。以大相岭东坡,经水城至北盘江一带连线为界,马尾松由线以东向线以西逐渐过渡为云南松。马尾松是向阳、喜温暖的树种,其生长区域年均温一般为13℃~18℃,年降水大约1000 mm,分布较均匀,无明显的旱季,喜酸性土,集中分布于1000 m以下的地区。由于它具有耐土壤瘠薄和喜光特性,可在裸地上生长成林,故常形成先锋群落。但在肥沃土壤上才可长成木材。

2.云南松林

西南地区分布广,面积大的森林类型,除云南的中部、北部、西部、东部的大部分地区外,向北一直延伸到四川的木里、西昌、汉源,直至30°N的地区。东至贵州西部的威宁、水城、兴仁等县。在垂直分布上,云南松林所占海拔范围很广,但1500~2800 m范围内分布最为集中,最高出现在木里县古妮,海拔3500 m,最低在南盘江下游,大约仅600 m。分布区受西风南支气流和西南季风的交替影响,形成了干湿季明显的气候特点,土壤以山原红壤为主。云南松林外貌翠绿色,结构较简单,层次分明,常具乔木层、灌木层和草本层三层片。

3.华山松林

主要分布在川西、黔西及云南山地、大巴山地。分布面积虽广,但一般都比较零散,多为小块状。垂直海拔高度东部大巴山、黔北一带分布于1500~2000 m,下连常绿阔叶与落叶阔叶混交林。西部川西、滇中、滇西山地可上升至海拔1800~2200 m,多位于云南松林的上缘。华山松林多系单优势种群落,组成种类不复杂,外貌比较单一。结构较简单,可明显划分为乔木层、灌木层、草本层。

4.杉木林

与本区湿性常绿阔叶林分布范围一致,四川盆地、贵州高原均有分布。贵州东南部的清水江、都柳江流域为分布中心。云南仅有小范围种植,如滇东南、滇东北。近来滇西南多雨的腾冲、龙陵等地也引种杉木,长势良好。杉木林的垂直分布幅度也较大,可从220 m(贵州黎平)到2400 m(威宁)。但最适宜的海拔是600~1200 m。杉木适生于温暖湿润、土层深厚、静风的凹地,土壤选择不严,林下土壤类型多样,有黄壤、红壤、紫色土等。

5.柏木林

广泛分布于四川盆地及盆缘山地,贵州北部、东北部及中部的石灰岩山地。在四川也称川柏木,为喜温暖湿润的阳性树种,具有喜钙的特点,在土层深厚、环境湿润的钙质土上(如钙质紫色土和黑色石灰土)生长繁茂。在酸性土上则生长不良。柏木林在森林破坏后,多天然更新或为人工栽培。但在人为的破坏干扰下,多生长稀疏,成为柏木疏林。群落结构简单,一般层次分明,以柏木疏林所占面积大,次为含多种阔叶树的柏木林。

(三)温凉性针叶林

在西南地区具有代表性的是铁杉针阔叶混交林、由铁杉与其他针阔叶树种混交组成的森林群落。由于铁杉林分布区气候温凉湿润,对多种阔叶树种的生长发育极为有利,当铁杉林砍伐后,以栎、桦为主的落叶阔叶树迅速而生。形成现存的大面积铁杉、栎、桦林,但铁杉仍保持建群种的地位,根据群落中铁杉树种和其他混交主要树种组成的差异,可将铁杉针阔叶混交林划分为两个群系。

云南铁杉针阔叶混交林主要分布在滇西、滇中南、滇西北及川西南等地的中山上部或亚高山下部,海拔2400~3300 m。分布区环境温凉潮湿,云雾多,群落内附生苔藓植物相当丰富,是亚热带山地垂直带的植被类型。上限为云杉冷杉树,下限为常绿阔叶和落叶阔叶混交林或湿性常绿阔叶林。在亚热带中山上部、群落多以云南铁杉为主,与栎、桦、木荷、高山栎类、华山松、黄果冷杉、丽江云杉等针阔叶树混交,成纯林的不多。

铁杉针阔叶混交林是以铁杉占优势与栎、桦等落叶树种组成的混交林,铁杉纯林很少。主要分布在川西岷江中、下游海拔2500~3000 m,青衣江及大渡河下游海拔2200~2500 m的山地阴坡、半阴坡及狭窄山谷的半阳坡上。下部为常绿和落叶阔叶混交林,上部为岷江冷杉、黄果冷杉、冷杉等为主的亚高山针叶林。

(四)寒温性针叶林

主要分布于西南地区西部的高山、中山上部,为森林线以下大面积的常绿针叶林,也称亚高山针叶林,是一种稳定而重要的植被垂直带。该植被型按群落的区系与生态性质的不同,可分为三个群系组:云杉冷杉林,落叶松林和圆柏林。其中以云杉冷杉林最为重要,简述如下。

云杉冷杉林也称暗针叶林主要分布于川西、滇北高原、高山峡谷区,也是西南高山林区中面积和木材蓄积量最大的森林类型之一。在东部中山的上部也有面积或大或小的成片冷杉林出现于植被垂直带的上部,如峨眉山的冷杉林及贵州梵净山的冷杉等。分布海拔高度一般在2500~4000 m间,但随纬度逐渐向南,云杉、冷杉的分布高度则逐渐升高。由于云杉较之冷杉喜干暖,一般来说,在亚高山垂直系列上,云杉林的分布均位于冷杉林带的下部,但在天然林中,两者混交的状态也常见。生长区必须满足一些基本的条件,如温凉的气候,比较分明的四季,冬季有一定的雪覆盖,生长季中具有充分的湿度等。西南地区云杉和冷杉属的树种十分丰富,集中了我国一半的云杉、冷杉林群系,且多为特有种,下属群丛类型之丰富更非其他地区所能比拟。

三、竹林

竹林是由禾本科竹亚科的各种竹类,或是由竹类与阔叶树种或针叶树种所组成的一种常绿木本群落。其群落结构、植物种类组成、群落外貌及生物学特性等都有其独有的特征。竹林往往由某一种竹类构成单优势群落。我国竹林的分布区主要在热带、亚热带地区,西南地区则以四川盆地,黔北、黔东南,滇南分布较多。竹林分布区气候温暖湿润,年均温15 ℃~20 ℃,1月均温4 ℃~10 ℃,年降水量一般在1000 mm以上。西南地区水热条件最适于竹林的生长,因此竹类植物十分丰富,拥有全国竹类种数的60%以上。贵州有竹类植物14属、50余种。云南种属相对较少。

四川盆地和贵州高原中亚热带是西南地区竹林分布面积较大的地区。其中尤以盆地南部、东部及黔北赤水河流域为集中成片分布区。其次是盆地东部平行岭谷区和黔东南。竹林的种类多属暖性竹林,以楠竹(毛竹)为主,分布于海拔1000 m以下的低山丘陵地带,此外有慈竹、斑竹、苦竹、水竹、寿竹、白夹竹、硬头茎竹等组成的竹林,多为大茎竹林。这类竹林绝大部分是由于地带性植被亚热带常绿阔叶林经过长期农垦,森林遭到严重破坏后,逐渐由人工培育而成的人工林。结构单纯,灌木层不甚明显,草本层则发育繁茂。通常在靠近森林的竹林边缘地区,其上层林冠常混生山毛榉科、山茶科、樟科等常绿阔叶树种,或杉木、马尾松、柏木等亚热带针叶树种。

盆地边缘山地及川西滇北中山地区海拔1000~3500 m地带,气候较冷湿,无大茎竹林分布,温性竹类增多,分布着白夹竹、水竹、方竹和箭竹属等种类的小茎竹林。这类竹林竹杆低矮,大部分形成山地常绿阔叶林,山地常绿、落叶阔叶混交树和亚高山常绿针叶林下的灌木层。

此外,在云南南部热带地区,主要是澜沧江下游两岸的低山丘陵、河谷区,还分布有大片热性竹林—牡竹林。如西双版纳景洪县大勐笼和勐腊县勐棒等地区,牡竹林占有林地面积70%以上。但现存的牡竹林全部属季节雨林或季雨林破坏后所成的次生植被。除牡竹林外,云南南部还有小片的车筒竹林和大薄竹林。前者见于滇西盈江县,后者分布于河口、金平、勐腊等县。

四、灌丛及灌草丛

根据灌丛和灌草丛种类组成,外貌特征,群落结构及地理分布等特点分为灌丛、稀树灌草丛和灌草丛三个植被型。

(一)灌丛

灌丛系指以灌木为优势组成的植被类型。它与森林植被的区别,不仅是植株高度的不同,更主要是灌木的建群种多为簇生的灌木生活型。灌丛植株一般无明显的主干,其群落高度通常在4 m以下,覆盖度在30%以上。灌丛的生态适应幅度较森林广,由于气候条件不利或土层瘠薄,森林难以生长的地方,一般均有灌丛分布。西南地区多山,在山地垂直带上常有原生的灌丛分布;另一方面,在海拔较低处,在长期的人类经济活动影响下,也形成了许多次生性灌丛类型。

川西滇北高原上部,一般在3600 m以上,有属原生的高山灌丛,构成森林以上的一个植被带。上限为高山流石滩或高山草甸,下限与高山针叶林相接。气候特点为寒冷、多雪、多风、日照强、土壤瘠薄、地表多砾石。在此生境下,灌丛一般都生长矮小,叶片角质层增厚,被毛或具鳞片,侧枝及根系发达,呈丛状或垫状等形态。组成本类灌丛的灌木植物种类,各地高山有所不同。最常见的是杜鹃属植物,它在西南高山种类繁多,如毛喉杜鹃、密枝杜鹃、理塘杜鹃等。其他有柳属、金缕梅属、圆柏属、五蕊梅属、锦鸡儿属、绣线菊属等灌木,都生长呈矮状或垫状。

西南地区海拔2500~4000 m的亚高山地带分布有亚高山灌丛,有的生长的下限可至2000 m。如贵州东北部梵净山的卷叶杜鹃灌丛,就大致分布在2000~2400 m。在西南地区低山丘陵的山地灌丛,有常绿的、落叶的,也有常绿和落叶混交的。其特点是组成的植物种类多属热带和亚热带的区系成分。性喜暖热。此类灌丛,绝大多数都是当地森林被砍伐后,所形成的次生植被,或是植被演替过程中的一个阶段。

(二)稀树灌木草丛

群落以草丛为主,其间丛生灌木和乔木。乔木、灌木和草丛三者的比例常随地而异。目前所见面积较大的稀树灌木草丛,都是在原有森林受到长期不断砍伐或在火烧迹地上所形成的一类次生植被。稀树灌木草丛,主要分布在亚热带常绿阔叶林和热带季雨林地区。本区内主要有两种类型,即干热性稀树灌木草丛和暖温性稀树灌木草丛。

干热性稀树灌木草丛分布于亚热带的干热河谷,主要是红河、怒江、金沙江、雅砻江、大渡河、岷江、南盘江等下游河谷地段。这些地区大多处于背风的雨影区,加以河谷深切、封闭,造成了谷底的特殊"干热"气候,如金沙江的元谋,年均温22.1 ℃,≥10 ℃积温8150 ℃,最冷月均温15.5 ℃,年降水量613 mm,蒸发量大于降水量3~4倍。其他河谷,因所处地理位置和海拔不同,气候各有差异,但干热特点是基本一致的。在这种气候条件下的植物种类,南部绝大部分为热带成分,向北,亚热带成分逐渐增多。

暖温性稀树灌木草丛广泛分布于云南的中部、北部,海拔大致1500~2500 m。气候特点是气温偏低而旱季长。原生植被为半湿润常绿阔叶林,其次是中山温性常绿阔叶林。目前常见的是云南松林在人为影响下进一步砍、烧、放牧等,所形成的一类相当持久的植被类型。草丛以中草为主,组成成分以禾草中耐旱、耐寒的种类为多。其中以金茅属和野古草属为主。其次为旱茅属、野青茅属、画眉草属等。稀树以云南松最常见,其次为滇油杉、旱冬瓜、华山松、槲栎等,种类不多,灌木中以杜鹃科植物较多。

(三)灌草丛

灌草丛是指以中生或旱生多年草本植物为主要建群种,但其中散生有稀疏灌木的植物群落。它大部分是由森林、灌丛被反复砍伐、火烧,导致水土流失,土壤日趋瘠薄,生境趋于干旱化所形成的次生性植被类型。主要分布于西南地区东部低山丘陵。

组成草丛的植物种类不多,主要为中生性的禾本科植物和蕨类植物,少有中生耐寒的种类。禾本科植物主要种类有白茅、黄茅、芸香草、拟金茅、黄背草、细柄草、芒等。蕨类植物主要有蕨、芒其等。草丛中也散生着少量的灌木或半灌木,如白栎、马桑、美丽胡枝子、映山红、乌饭树等。

五、草甸

草甸是由多年生、中生性草本植物组成的稳定的植被类型。它和草原有别,后者是由多年生、旱生性草本植物组成。草甸主要分布于川西滇北亚高山、高山及山原地带,海拔大致在2800~4500 m,气候寒冷而湿润,冬季漫长,无夏,春秋短促,霜冻期长,植物生长期短。土壤为典型草甸土。在此生境条件下,中生耐寒的草甸植被得到了广泛发育。根据地貌特征以及相应的水热条件的变化,植被生态外貌等,西南地区的草甸植被可分为亚高山草甸、高山草甸、沼泽草甸和流石滩疏生草甸四个群系。

(一)亚高山草甸

也称寒温草甸,是各类草甸中占面积最大的一种。分布于川西北石渠—色达—线以南广大地区。垂直分布的海拔范围主要在3000~4000 m间。与亚高山针叶林相适应,它主要是寒温针叶林(云杉、冷杉林)破坏后经长期放牧利用造成的。有的则由于气候受地形的影响,导致如阴坡沟谷常见针叶林或灌丛,阳坡多为草甸。组成亚高山草甸群落的植物种类成分极为丰富,以乔本科草类最多,次为莎草科、菊科、毛莨科、蔷薇科和豆科植物。

（二）高山草甸

集中分布在川西北石渠、色达一线以北地区，此线以南的川西滇北地区仅有小面积分布于一些高山地段上，海拔高度3900~4800 m。多位于流石滩植被的下部，亚高山针叶林带的上部。分布地气候条件更加严酷，气温低、气温日变化剧烈、生长季短、日照强烈。土壤为高山草甸土，土层薄，有机质分解弱和淋溶作用不显著。

（三）沼泽化草甸

属于隐域性的植被类型。它的分布不限于一定的垂直带内，而是与水分条件、平坦低洼的地形条件有密切关系。集中分布于川西北沼泽发达的红原、若尔盖、阿坝三县。川西、滇北的其他地区大多分布在亚高山中上部及高山局部低洼处，分布零星。如滇东北大海地区面积较大。

（四）流石滩疏生草甸

本植被的大部分类型均为"高山流石滩植被"，为了叙述方便，现将"流石滩植被"作为一个特殊类型包括在草甸中。

流石滩疏生草甸主要分布于川西、滇北4000 m以上的高山、高原。4000 m以下的亚高山已不见或少见此类植被。该类植被所在自然环境具有的特点，一是气温低、积雪约达10个月，辐射强、昼夜温差悬殊、风大。二是地表岩石的融冻和物理风化作用强烈，破碎的岩块、碎石，大量堆积在山脊平坦处，或顺坡下泻，形成流石滩。三是在大小不等的砾石间缝隙和石窝中，常有发育不良的粗骨土或风沙土，生长有少数耐高山气候和能适应此类瘠土的植物，并组成疏生草甸。

六、沼泽植被与水生植被

沼泽植被与水生植被，是在水体中或土壤过度潮湿甚至积水的特殊生境下发育的植被类型。由于生境特殊，故植被的种类组成，群落外貌与结构，植被的生态特征等都较特殊，形成下列二个植被型组。

（一）沼泽植被

沼泽植被是以沼生植物为主、伴生有水生植物的隐域性植被类型。西南地区集中分布于川西北红原、若尔盖两县境内，其他少数高山、山原的局部低洼积水地段，也有小面积的沼泽，呈零星分布，如黔东梵净山山体上部的泥炭藓沼泽和大金发藓沼泽。川西北沼泽的形成具有地貌、气候与土壤等有利条件。在此生境下形成的沼泽植被的群落特征是：只有低位的草本沼泽植被，种类成分十分贫乏，据初步统计仅有30余种，分属20科，28属。其中以湿生的莎草科为主，在群落中起建群作用。并以地面芽植物占优势，主要为木里苔草与苔草，其次有毛茛科、菊科、伞形科等。如条叶垂头菊、车前状垂头菊、无柄水毛茛。个体数量都较少，群落外貌极为单调，季相变化不显著。

（二）水生植被

水生植被系指由水生植物组成的，生长在河流、湖泊、水塘等水域环境中的植被类型。西南地区各大江河水流湍急，很少有真正的水生植物群落发育。而湖泊的水生植被，却成为全国主要分布区之一，尤以云南为著。

西南地区多湖泊，并有不少负有盛名，各湖由于湖床形态、底质、水深、透明度、酸碱度等条件的不同，使各湖泊植物群落的数量有很大变化，如以沉水植物为例，洱海由于生境条件复杂多样，有11个植物群落类型。而星云湖生境条件均一，群落类型仅有3个。区内各湖泊，水生植物大致呈有规律的环带状分布，从沿岸浅水区向中心深水区水生植物的分布系列，依次为挺水植物带、浮水植物带及沉水植物带。

挺水水生植被的植物根扎生于水底淤泥中，植株下部浸没于水中，而上部或叶挺露于水面上。主要植物有芦苇、水葱、菖蒲、豆瓣菜、慈姑等。

浮生水生植被由浮水型植物组成，它又可分为扎根和完全漂浮两大类。根扎于水底泥中的浮叶型植物，具有细长而柔软的茎和叶柄，可随水位的升高而伸屈，亦可随水位的降低而卷曲，使叶片始终能漂浮于水面上，常见的有眼子菜、荇菜、水膏药等。漂浮型植物的整个植株均漂浮于水面上，根悬于水中，有的仅有无根的叶状体，大都能随水流和风浪漂移，因此群落的组成和结构常不固定。主要种类有水葫芦、满江红、魁叶萍、浮萍等。

沉水水生植被主要组成成分均系沉水植物，它们以根固着于泥土中，茎叶沉于水面以下，有的花序伸出水面，有的在水下开花结果。沉水植物是湖泊植被的主体。主要有金鱼藻、黑藻、狐尾藻、亮叶眼子藻、菹草、海菜花等。

思考题

1. 概述西南地区植被特征。
2. 试述西南地区代表性植被类型。
3. 分析西南地区植被类型多样的主要原因。

参考文献

[1]吕拉昌.中国地理(第二版)[M].北京:科学出版社,2016.

[2]中国植被编辑委员会.中国植被[M].北京:科学出版社,1995.

[3]杨宗干,赵汝植.西南区自然地理[M].重庆:西南师范大学出版社,1994.

[4]殷红梅,安裕伦.中国省市区地理:贵州地理[M].北京:北京师范大学出版社,2018.

[5]明庆忠,童绍玉.中国省市区地理:云南地理[M].北京:北京师范大学出版社,2016.

[6]王静爱.中国地理教程[M].北京:高等教育出版社,2007.

第三篇 分区实践篇

FENQUSHIJIANPIAN

第八章　云南实习区

第一节　云南实习区概况

云南,简称云(滇),省会昆明,位于中国西南的边陲,北回归线横贯云南省南部,属低纬度内陆地区,为长江经济带重要组成部分,东部与贵州、广西为邻,北部与四川相连,西北部紧依西藏,西部与缅甸接壤,南部和老挝、越南毗邻,云南有25个边境县分别与缅甸、老挝和越南交界,国境线长4060 km,是中国通往东南亚、南亚的窗口和门户。

一、地质构造

1.云南地质构造的特点

从总体来看,云南的地质构造有以下特点:

大致以红河断裂和小金河断裂为界,云南东部和西部的地质构造、形成时代完全不同。东部地区以地台区为主(滇东南除外),成陆早,较为稳定;西部地区为地槽区,成陆晚,活动强烈,形成一系列巨大的褶皱山系,使得云南地貌发育的地质基础,在东部和西部完全不同。

无论是地台区还是褶皱区,深、大断裂都较发育,且以北西向和南北向最为发达,北东向次之。这些大断裂深刻地影响着云南的地貌发育,控制着云南的地貌格局。

构造线西部比东部紧密。西部的构造线以南北向、近南北向为主,构造线间距较小,比东部紧密;东部的构造线较复杂,有北西向、近南北向、北东向和近东西向的构造系统。

2.地质构造单元与主要断裂构造

云南高原位于欧亚板块与印度洋板块的交界处,地壳运动强烈,地质构造复杂,褶皱和断裂相当发育。按照槽台学理论,以深大断裂为界线,本区分属四个一级构造单元:扬子准地台、滇西褶皱带、滇东南拗褶断带、松潘甘孜褶皱带。

　　云南区域内,断裂构造相当发育,对地貌的影响较大。走向以南北向及近南北向为主,其次是西北走向和东北走向。较典型的断裂构造包括扬子准地台区的断裂构造、滇西褶皱带的断裂构造、滇东南拗褶断带的断裂构造、松潘甘孜褶皱系区域内的断裂构造(图8-1)。

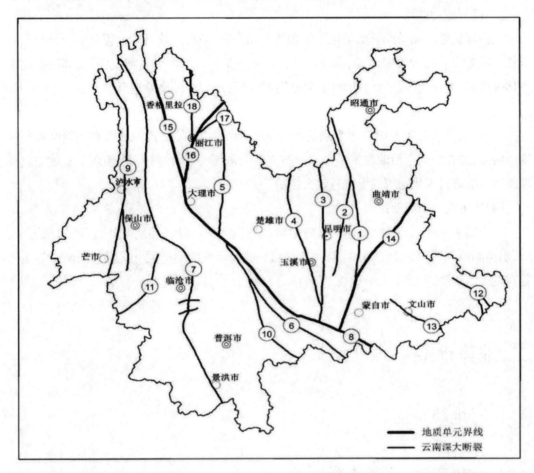

　　①小江断裂　②嵩明断裂　③普渡断裂　④元谋-绿汁江断裂　⑤程海-宾川断裂　⑥哀牢山断裂　⑦澜沧江断裂　⑧红河断裂　⑨怒江断裂　⑩阿墨江断裂　⑪柯街-南汀河断裂　⑫富宁断裂　⑬文山-麻栗坡断裂　⑭西弥勒断裂　⑮金沙江断裂　⑯小金河断裂　⑰箐河断裂　⑱格咱河断裂

图8-1　云南深大断裂及地质构造单元分布示意图

3.新构造运动

　　在新构造运动中,云南大地受到欧亚板块与印度洋板块碰撞、挤压、滑移等作用影响,地表形态发生了巨大变化,对现代地貌的类型及结构都有极大的影响。云南现代地貌受新构造运动影响主要表现在以下几个方面:

　　(1)大面积掀升运动

　　新生代第三纪的中后期,低而平的云南大地开始大面积的掀升运动,把古夷平面或准平原面抬升为现在的高原面。上升幅度北与西北部较大,东与东南上升幅度小,造成了由西北向东南或向南的倾斜地面。由于南北各地上升幅度的差异,导致了由北向南呈阶梯状下降的高原面。并且在升降过程中还具有间歇性的特征,间歇性升降与相对静止结合,造成夷平面下的多层阶梯状剥蚀面。

(2)断裂运动活跃

云南新构造运动的断裂活动主要表现为断块升降运动,断块升降过程具有差异性和间歇性。随着断块差异升降运动,高原内部山体强烈抬升,盆地陷落,河流深切,高原面逐渐解体和破碎,形成现今高耸的断块山与低陷盆地或谷地相间的反差地形。

(3)地震活动强烈

第三纪,尤其是第四纪以来强烈的断裂活动诱发地震,使云南的地震有高频度和高强度的特点,并在空间上沿断裂带呈带状分布。云南是仅次于台湾、西藏、新疆等省区的重要地震区。地震对现代地貌的形成有较大影响。

(4)新生代火山活动强烈

云南高原火山活动强烈,其中以腾冲地区最为活跃。除腾冲地区外,滇西的昌宁、凤庆,滇南澜沧江断裂带上的景洪、大动笼、曼勐一带,滇东南的马关、山白泥井、屏边等地都曾有过火山活动,形成了火山地貌。

二、地势地貌

(一)地貌特征

1.地势高耸,北高南低

云南位于中国第二级地形阶梯的最南端,位于第一级阶梯青藏高原的东南侧,地势高耸,平均海拔为2000 m,最高海拔为6740 m,平均高度仅次于青藏高原。

滇西北是青藏高原的南延部分,地势高达4000~5000 m,其中滇西北滇藏交界处的梅里雪山主峰卡格博峰海拔6740 m,为全省最高点。滇南地区地势最低,元江与南溪河交界处的水面高程为76.4m,为全省最低点,最高处与最低处之间的高差达6663.6 m,海拔高差异常悬殊。

地势的总趋势是北高南低,其中西北最高,东南最低。但整个地势倾斜不是均匀递减的,存在着时陡时缓的多级阶梯。根据《云南省志·地理志》,自云南西北至云南南部,存在四级阶梯。两级平坦面之间常有陡坡相连接,较短的范围内,下降数百米。

由于海拔高度呈阶梯状下降的方向与纬度降低的方向基本一致,造成了低纬度与低海拔的地面一致,高纬度与高海拔相吻合,非地带因素加剧了南北的地带性差异。

2.以高原山地为主,呈现"西山东原"的地貌格局

云南高原地貌可分为东西两大地貌单元——西部的山地和东部的高原,形成"西山""东原"东西并列的地貌格局。东部的高原是一边缘较为破碎的丘陵状高原,称为"云南高原(狭义)"或"滇东高原",平均海拔2000 m;西部的山地其实是高原面基本解体后的中高山峡谷状高原,简称"山地"或"山原",其主要部分是横断山系及其余脉。

云南的山脉走向多为南北向和北西—南东向。山脉在滇西北地区南北延伸、东西排列紧密,由西北顺着地势分别向东、东南、南、西南四个方向伸展,且山体间的距离拉开,高度降低,形成高山、谷地或盆地相间分布的格局。山脉成为云南地貌的骨架,山脉间分布着高原、谷地。全省山地像一个以滇西北方向伸展出来的手掌,五指外倾状,手掌为高原面,手指部分像梁状高地或山脉,指间的空隙即为河谷所在地。

3.地貌类型复杂多样,种类繁多

云南省各地的地质构造、新构造运动强度及岩性组合不同,高原面解体的速度及程度也不同,使云南各地现代地貌处于不同的发育阶段,形成多种类型的地貌及复杂的地貌组合。从地貌形态看,云南除没有大型平原外,高原、山地、盆地、丘陵地貌都有;从地貌的成因来看,云南省的构造地貌、流水地貌、喀斯特地貌、重力地貌、冰川地貌、冰缘地貌和火山地貌都较发育。

由于山地较多,在不同海拔,地表的切割程度不同,地貌形态各异,这使得同一地区的地貌类型组合更为复杂。

(二)主要地貌类型

1.山地

云南是个多山的省份,各种类型的山地约占全省面积的86.6%,不少山地高大陡峭,主要集中在云南西部,被称为横断山系纵谷地区,与青藏高原东侧的巨大山系一脉相连。东部高原面上也分布有一些山地,主要分布在高原边缘河流强烈切割区及断陷盆地周围。

(1)西部横断山脉区

横断山系,北起青藏高原,南抵中南半岛,由压缩紧密的南北向山脉和峡谷组成,岭谷平行相间,在宽约150 km的区域内,自西向东排列着高黎贡山、怒江、怒山、澜沧江、云岭、金沙江,云南西部这一南北走向的平行岭谷区,现多被称为"纵向岭谷区"或"三江并流区"。因山脉夹持江河南下,阻断东西交通,故名横断山。该区高山、极高山耸立,幽深险峻的大

峡谷纵横交错,山顶到谷底垂直高差巨大,特别是其北部的滇西北地区,海拔更高,地表切割程度深。

(2)东部高原上的山地

在丘陵状起伏的云南高原内部,构造线比较零乱,大都为短轴的背斜向斜,其走向多变,山岭通常较短小,脉络也不甚清晰。但在高原边缘的河流切割区、高原内部断陷盆地及断陷湖周围,也分布着一些较高大的山,如乌蒙山(海拔约2000 m,最高4016 m)、三台山(海拔约2300 m,最高2983 m)。这些山地多为近南北走向及东—南西走向。

2.高原

高原是云南省内仅次于山地的地貌形态,主要指上部夷平面保存较完整的部分。云南高原内部因构造、岩性及地貌发育状况,可分为两大地貌区:以小江断裂带为界,西部是滇东喀斯特高原,东部是滇中红层(色)高原。

(1)滇东喀斯特高原

滇东喀斯特高原是以喀斯特地貌为主的高原,包括昭通、曲靖、红河、文山等州市,平均海拔约2000 m,较高的山地可达4000 m,高原上的山地多呈南北走向,主要有乌蒙山、药山、牛首山等,最高峰为药山主峰,海拔4041.6 m。高原面上石灰岩分布范围广,喀斯特地貌十分发育,在不同的高原面上,发育了不同形成阶段的喀斯特地貌形态。

(2)滇中红层高原

滇中红层高原是由紫色砂页岩组成的丘陵状高原,高原面上广泛分布着三叠系、侏罗系和白垩系的紫色砂岩、页岩,有深厚的红色风化壳发育,故有"红色高原"之称。高原面保存相对较完好,平均海拔约2000 m,地势起伏和缓,以丘陵状高原面和山间盆地为主,中部地势较为平整,向南北两侧地势降低,地表起伏却增大。高原面上山间盆地和断陷湖泊广布,在高原边缘河流强切割区、断陷盆地和湖泊周围形成一些残余山地,山地多呈南北走向和北东—南西走向;高原上的最高峰为拱王山主峰雪岭,海拔4247 m。

3.坝子

(1)概况

"坝子"是对云南高原地区一类较为特殊的小地貌的统称,是指内部相对低平、周边相对较高、内部地面坡度在12°以下的山间中小型盆地、小型河谷冲积平原或阶地、河漫滩和冲积洪积扇、起伏较和缓的高原面、剥蚀面及高原面上的宽谷低丘、较大的山谷等地貌类型。所有类型的坝子,其内部及其边缘地区都已被人类不同强度地开发。

云南高原的坝子,一般中部较低,地面由边缘向中部倾斜,坝子边缘坡麓地带常有大量洪积物和残余坡积物堆积,坝内一般有河流通过,河网密度高于周边地区,水利条件较好,土壤较肥沃,是云南利用最充分、开发较早和较好的一类地貌类型。由于云南坝子在国民经济发展过程中具有远远高于山地、高原等地貌形态的开发利用地位,已成为云南省一类独特的、具有地方特色的小地貌类型。

云南的坝子,以昆明坝和大理坝最驰名。前者又称滇池坝,以滇池(昆明湖)为中心,包括昆明市五区、安宁市和富民县大部分,面积1071 km²。四周山地环境,西侧为断块抬升的西山,最高峰达2506 m。昆明坝是一个断陷湖盆,海拔1890 m,是云南第一大坝,又是政治、经济、文化、交通、旅游的中心。大理坝又称洱海坝,由苍山断层下陷而成,面积601 km²,大理坝素以风景秀丽著称,有"下关风、上关花、苍山雪、洱海月"的美称。大理坝自古以来是滇西的重镇。

(2)分类

坝子按成因类型大致可分为五种:一是断陷坝,多分布于东部高原区,沿断裂带成串分布,如小江断裂带有东川、寻甸等断陷盆地。二是河谷坝,多分布于西部各大河流的某些宽谷河段,由于河流侧蚀加强,使河谷扩宽而成,多呈狭长形,规模较小,如潞江坝、六库上江坝等。三为溶蚀湖,或称喀斯特坝,多见于高原东部、东南部碳酸盐类分布区,由喀斯特作用而形成,如文山、八宝等坝,除少数外,规模都不大。四为冰蚀坝,分布于海拔较高的滇西北,受古冰川或现代冰川作用而形成,规模都很小,如玉龙雪山下的扫把、甘海子、点苍山上的花甸坝等。五为熔岩火山坝,仅见于腾冲火山区,由火山熔岩堵塞而成,如腾冲坝、和顺坝、明光坝、曲石坝等。根据坝子的主导成因虽可分为上述五种类型,但实际上,多数坝子的成因都是复合的,如有的原属断陷坝,后又受流水或喀斯特作用所改造等等。这类复合型坝子,规模一般都较大,如蒙自便是一个大型溶蚀断陷坝,面积达369.48 km²。此外,当地又习惯以高度分,海拔2300~2500 m以上坝子称高坝,主要分布于北,西北海拔较高的坝子如永宁坝(2700 m);海拔1300~2500 m的称中坝,主要分布于高原中部广大地区;1300 m以下的称低坝,分布于南部及西南边缘地带。

4.喀斯特地貌

云南高原是中国喀斯特地貌分布最广泛的地区之一,境内大部分地区均有不同时代的石灰岩地层分布。

(1)云南喀斯特地貌的有利形成条件

①广泛分布的可溶性岩石。可溶性的碳酸盐岩分布面积较广,仅滇中红层高原和一些巨大的花岗岩岩基分布区无碳酸盐岩分布。其中,云南东部碳酸岩面积约占岩层总面积的50%,其厚度占岩层总厚度的63%。

②有利的地质构造条件。云南境内断层发育,石灰岩区受断层影响显著,岩层中存在大量裂隙,且岩石中节理发育丰富,可使大量地表水进入地下,加快了岩溶的速度。

③温暖湿润的气候条件。云南高原气候绝大部分属于热带、亚热带高原季风气候,全年暖湿,年降水量丰富,地下水丰富,可加快岩石的溶蚀速度。

④水体酸性大,溶蚀力强。依托云南暖湿的气候条件,云南高原地区植被覆盖度高、土壤成土过程较为迅速,使得二氧化碳增加。大量二氧化碳溶入水中,水体酸性大,溶蚀力增强,为喀斯特地貌的形成提供有利条件。

(2)云南高原喀斯特地貌的主要类型

喀斯特地貌是由很多小的地貌形态组合而成的,云南高原地区喀斯特地貌类型齐全,主要以喀斯特地貌发育早期及中期的溶沟、石芽、溶斗及溶蚀洼地、竖井、落水洞、干谷、盲谷、峰丛、峰林、溶洞及地下河、溶蚀小盆地为主。

三、气候类型与特征

(一)气候类型

云南位于中国东部亚热带季风气候区、青藏高寒区和南亚热带季风气候的过渡地带。这种特殊的地理位置使云南既受东亚季风和南亚季风的影响,又受青藏高原季风环流的影响;加之云南地势北高南低,与纬度变化正向叠加,加之地形崎岖,地貌复杂,故形成了低纬高原季风气候。

(二)气候特征

1.热带、亚热带高原季风气候显著

(1)具有季风气候的典型特征

云南高原的冬夏季风,虽然盛行风向均为西南风且无明显变化,但两支气流的源地、属性及其控制下形成的天气截然不同,使得云南冬夏季的气候各具特色,季风气候典型。

云南冬夏季风的盛行风向均为西南风,但冬季风稍偏西,而夏季风稍偏南(图8-2)。

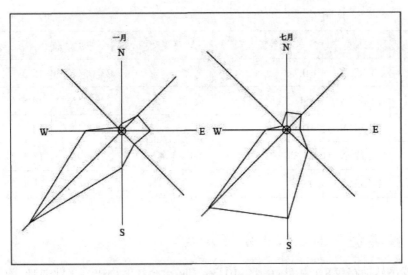

图8-2 昆明1月、7月风向玫瑰示意图

控制云南冬半年南支西风自西而来,经北非、中亚、巴基斯坦、印度等干热地区,秉性干暖,与来自南海北部的反气旋(南海高压)一起,造成云南高原冬季晴暖少雨的天气。

影响云南的夏季风有两支——西南季风和东南季风,其源地分别是印度洋赤道洋面和太平洋热带洋面,其中以源于赤道洋面的西南季风最强盛。西南季风高温重湿,在其控制下,气候炎热多雨降水丰沛;东南季风炎热湿润,但其温湿度不及西南季风,在其控制下天气炎热湿润。

(2)干湿季分明

在冬夏季风的交替控制下,一年内有明显的干季和湿季。每年干季(11月~次年4月)受冬季风控制,晴暖少雨、日照充足,降水量仅占全年降水量的15%;在湿季(5月~10月),云南高原主要受到来自印度洋和太平洋湿热的西南季风和东南季风控制,降水丰沛,形成雨季,降水量可达全年降水量的85%。

(3)气温年较差小、日较差大

由于云南地处低纬,太阳辐射的季节变化较小,故气温年较差较小(表8-1),形成"春秋相连,四季不分明"的气候特点。同时因为云南为高原区域,大气较平原区域稀薄,气温日变化较大。云南大部分地区的年平均日较差为10 ℃~14 ℃,干季日较差更大,可达15 ℃~20 ℃。

表8-1 云南与同纬度地区气温年较差比较

云南地区	纬度	气温年较差/℃	同纬度地区	纬度	气温年较差/℃
洱源	26°07′N	13.2	福州	26°05′N	14.3
牟定	25°20′N	12.6	桂林	25°20′N	20.3
双柏	24°41′N	10.6	金城江	24°42′N	17.2

续表

云南地区	纬度	气温年较差/℃	同纬度地区	纬度	气温年较差/℃
元阳	23°05′N	10.7	惠阳	23°05′N	15.2
绿村	22°51′N	8.4	大新	22°51′N	14.5
沧源	22°34′N	10.5	宝安	22°23′N	14.1
河口	22°27′N	15.3	加尔各答	22°32′N	18.4
景洪	21°55′N	9.9	曼德里	21°56′N	21.4

2.气候类型多样,水平分布复杂

云南省虽然地跨仅8个纬度,南北910 km,却在8个纬距内出现了北热带、南亚热带、中亚热带、北亚热带、暖温带、温带、寒温带7个气候带(区)。但由于云南地貌复杂,气候带并非像我国东部地区那样,呈完整的带状分布,而是相互交错,彼此穿插,南部的气候带沿河谷呈树枝状向北伸展,北部的气候带沿山脊南延。

3.气候的垂直变化显著

一方面,云南高原地势北高南低且起伏较大,从整体来看,形成一个巨大的向南倾斜的斜坡,从南部低纬度低海拔到北部的较高纬度和较高海拔地区依次出现了7个气候带,形成一个巨大的、完整的水平—垂直带谱(图8-3)。

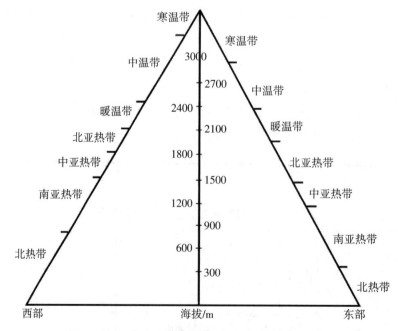

图8-3 云南气候垂直带谱的基本模式示意图

另一方面,云南总体地势偏高,以山地高原为主,从山麓到山顶气温和降水变化很大,大部分地区的相对海拔在1000~3000 m之间,按照海拔升高1000 m,气温降低6 ℃计算,相对高差3000 m的山地,垂直方向上的气温差异相当于我国东部广州到哈尔滨。"山腰百花山顶雪,河谷炎热穿单衣""一山有四季"的现象在云南高原地区非常常见。

四、水系与湖泊

(一)河流

云南高原位于几条大江的上游地区,河网纵横,江河众多,据2010~2012年开展的《云南省第一次水利普查公告》的统计,云南全境共有流域面积50 km²及以上的河流2095条,总长度为6.68×10⁴ km;流域面积100 km²及以上河流1007条,总长度为5.21×10⁴ km;流域面积1000 km²及以上的河流118条,总长度为2.16×10⁴ km;流域面积10000 km²及以上河流17条,总长度为0.85×10⁴ km。加之地势起伏较大,使得云南高原成为我国重要的水能基地,并有灌溉、发电、城乡供水之利。

受地势、地貌、气候等因素影响,云南高原的河流呈现出以下特征。

1.六大水系分别流入印度洋、太平洋两大洋

云南高原河流分属长江、珠江、红河、澜沧江、怒江和伊洛瓦底江六大水系。珠江、红河发源于云南省境内,其余均发源于青藏高原,为过境河流。红河、澜沧江、怒江、伊洛瓦底江为国际河流,分别流往越南、老挝和缅甸等国家,也统称西南国际河流。其中,伊洛瓦底江和怒江流入印度洋,其余各河流流入太平洋。

2.山川相间,形成"帚状"水系

滇西横断山脉地区,南北向的深大断裂发育,地势北高南低,河流多沿着断裂线发育,形成山地与河谷相间分布的现象。滇西北地区,多数河流的分水岭狭窄,河流呈现出南北向延伸,东西向并列的形态,而至云南中部和南部,山地与河流彼此散开,形成"帚状"水系(图8-4)。

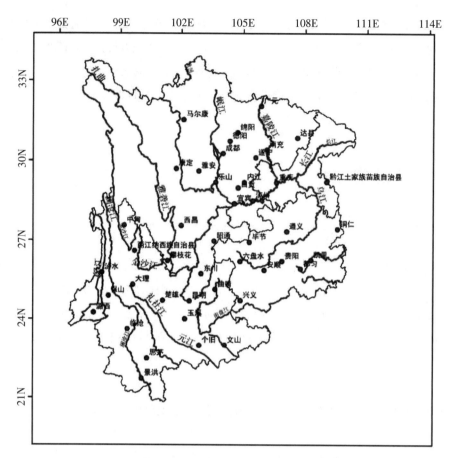

图8-4　西南地区水系示意图

3.高原、山地复合型河谷形态

云南高原在第三纪初以前,曾遭受长期剥蚀,使地表渐趋于准平原状态,第三纪中新世以来,受喜马拉雅造山运动的影响,抬升为高原。被抬升的高原西部被河流深切,形成山川相间的横断山地,大山之顶仍保留有局部残存高原面。在这种地貌形态下就产生了新的河谷形态的组合形式:即上源部分河流多在高原面或残存高原面上流动,河床较浅、河漫滩或冲积平原较宽广,河流侧蚀作用强,河曲发育,沉积物较细小;中游或下游河流的下切力较大,河谷深切,多呈Ⅴ形或槽状深谷,河床深,河漫滩不发育、河流比降大、多急流,沉积物为粗大砾石或石块,有些河流的河谷内,还有泥砾混杂的泥石流堆积。

4.兼有季风型河流和山区河流的水文特征

河流的径流量季节变化和季风区降水季节变化相吻合,可明显分为汛期(5月~10月)和枯水期(11月~次年4月)。河流受地形变化影响,多河谷深切,河床比降大,急流险滩多,水力资源丰富,可航行河段少。

(二)湖泊

云南高原湖区是我国五大湖区之一。据《云南省第一次水利普查公报》统计,常年水面面积1 km²及以上湖泊30个,水面总面积1141.22 km²(含跨省界湖泊),均为淡水湖泊;10 km²及以上湖泊12个,水面总面积1079.70 km²,100 km²及以上湖泊3个,水面总面积767.00 km²。总体而言,云南高原湖群总体呈现出以下特点:

1.高原淡水湖群为主

云南的湖泊大多数分布在高原面上,湖面海拔约1500 m,仅低于青藏高原湖区。湖泊均属于外流湖,以地表水和地下水补给为主,是云南水系的重要组成部分,河流的丰枯水期直接影响湖泊的水位变化。湖水的含盐度极低,为淡水湖。

2.以构造湖为主

云南的湖泊成因复杂,但多以构造湖为主,多是断层陷落形成的,因此湖泊的长轴和深大断裂带走向基本一致,有南北长、东西窄、湖水深、湖岸陡而湖底比较平坦的特点,如抚仙湖,最大水深达155 m。其他还有喀斯特湖、冰成湖、火山口湖、熔岩阻塞湖等。

3.成群分布

云南的湖泊集中分布在云南高原中部,以金沙江、红河和南盘江水系三大水系分水岭附近的高原上湖泊最为发育,且成群分布,如由车湖、杨林湖、滇池、阳宗海、抚仙湖、星云湖、异龙湖等从北向南排列,形成滇中湖群。

五、土壤与植被

(一)土壤

由于受地形、气候、生物、水文、成土母质等因素的影响,云南土壤类型多样,分布复杂。总体来看,云南高原的土壤呈现出以下特点:

1.土壤类型多样,但以红壤为主

云南土壤共有8个土纲、14个亚纲、16个土类、34个亚类;其中,铁铝土纲(砖红壤、赤红壤、红壤、黄壤)占土壤总面积的55.32%,是云南的主要土壤类型,其余7个土纲分别为淋溶土纲(黄棕壤、棕壤、暗棕壤、漂灰土),半淋溶土纲(燥红土),初育土纲(紫色土、石灰土),人为土纲(水稻土),水成土纲(沼泽土),半水成土纲(潮土),高山土土纲(高山草甸土、亚高山草甸土)。

2.各类土壤分布区狭窄

除了红壤的分布区域较宽以外,大多分布在较狭窄的地带内,有的土壤其分布区仅宽数十公里。此外,因地形复杂,各类土在分布的范围内,有的东西呈带状分布,有的不成带,而呈片或零星分布。

3.土壤垂直带谱明显

云南高原整体地势北高南低且起伏较大,地貌类型复杂,山地居多。由于山地对水热状况的再分配,致使土壤分布的水平地带性不明显,但随高度而变化的垂直分带现象却十分明显和广泛。同时,随山体相对高度加大,垂直带谱由简单到复杂,从3~4带可增加到6~7带。

4.非地带性土类多

土壤除了受地带性因素影响外,还受到一些非地带性因素,如岩性、地貌及特殊气候因素等的影响,产生一些特殊的非地带性土壤类型,有的呈片分布,有的呈点状分布在某一类土壤中,如在石灰岩分布区内产生的红色石灰土和黑色石灰土。此外还有火山灰土、水稻土、紫色土、燥红土等,都是云南境内重要的非地带性土壤。

(二)植被

1.植被类型丰富

云南依托其得天独厚的气候条件与复杂多样的地貌组合,植被种类丰富,分布着从热带到寒温带的地带性植被和多种非地带性植被,素有"植物王国"的称誉。整个云南高原,从南到北,随纬度的增加和海拔的升高,依次出现热带雨林、热带季雨林、热带稀树灌木草丛、季风常绿阔叶林和思茅松林、半湿润常绿阔叶林和云南松林、硬叶常绿阔叶林、寒温性针叶林、亚高山草甸和高山草甸等植被类型。

2.植被水平分布复杂

云南高原从南向北随纬度的增加和海拔的升高,依次分布着热、温、寒三带的植被,自南向北可分为四个水平地带:季风热带北缘雨林和季雨林地带—高原亚热带南部季风常绿叶林地带—高原亚热带北部半湿润常绿叶林地带—青藏高原东南缘寒温针叶林草甸地带。

但是由于地貌类型复杂,水热组合发生变化,导致植被生境差异悬殊,水平分布也极其复杂。具体体现如下:云南高原全省的植被类型相当于我国东部地区的北亚热带常绿、落叶阔叶混交林带的植被类型;同一植被类型在各地可分布在不同的纬度和海拔;地形带来局部气候差异,使一些热带树种沿着低热河谷向北延伸,而温带树种顺山脉向南伸展;在山地的迎风坡与背风坡植被的差异十分显著。

3.植被垂直地带明显

山地气候的垂直变化及其所处的水平地带直接影响植被的垂直带谱的形成。云南植被类型复杂多样,在很大程度上是由于各地植被的垂直分异所致。云南高原地区的山地植被垂直分布如下:

(1)热带雨林为基带的垂直带植被

主要分布在滇东南地区的东南季风迎风坡及山前地区,地形雨十分丰富,气候潮湿,因而垂直带上主要植被类型都表现出明显的潮湿的特征。以热带雨林为基带,从山麓到山顶,植被垂直带顺序是:热带湿润雨林(海拔300~500 m以下)—热带季雨林(海拔300~700 m)—山地雨林(海拔700~1300 m)—山地季风常绿阔叶林(海拔1300~1750 m)—苔藓常绿阔叶林(海拔1750~2900 m)—山顶苔藓矮林(海拔2700~2900 m)。

(2)热带季雨林为基带的垂直带植被

主要分布在哀牢山以西地区海拔2000 m以下地区,与其东部地区相比,这里气候稍干,又因这里的山地海拔一般不超过2000 m,因此植被垂直带谱较热带雨林带山地植被垂直系列简单。以热带季雨林为基带,自下而上的顺序是:热带季节雨林(海拔800~900 m以下)—山地雨林(海拔800~1000 m)—山地季风常绿林阔叶林(海拔1000~1100 m以上)。

(3)季风常绿阔叶林为基带的垂直带植被

主要出现在高原亚热带南部季风常绿阔叶林地带内,以季风常绿阔叶林为基带。亚热带南部山地植被垂直带自下而上的植被带顺序是:季风常绿阔叶林和思茅松林(海拔1300~1800 m)—湿性常绿阔叶林(海拔1800~2600 m)—针阔叶混交林和云南铁杉林(海拔2400~2800 m)—苔藓常绿矮林(海拔2800~3000 m)—冷杉林(海拔3000 m以上)。

(4)半湿润常绿阔叶林为基带的垂直带植被

主要出现在高原亚热带北部季风常绿阔叶林地带内,以半湿润常绿阔叶林为基带。亚热带北部山地植被垂直带自下而上的植被带依次是:半湿润常绿阔叶林和云南松林(海拔1900~2500 m)—湿性常绿阔叶林(海拔)—针阔叶混交林和云南铁杉林(海拔2900~3200 m)—云、冷杉林和高山松林(海拔2500~2900 m)—高山灌丛和高山草甸(海拔4100~4700 m)。在这一系列中,还有硬叶常绿阔叶林分布于2600~3900 m山地。

另外,由于大江大河的极度深切,地形的焚风效应造成河谷的干热生境在河谷区域出现与环境相适应的干热河谷植被带。根据热量的不同分为干热河谷和干暖河谷两类,干热河谷植被多呈稀树灌木草丛状,称为"河谷型萨王纳植被",干暖河谷以疏生小叶灌丛为主,称为"河谷型马基植被"。

第二节　实习内容

一、昆明市城市地理

昆明市,云南省省会,位于24°23′N~26°22′N,102°10′E~103°40′E,地处云贵高原中部,是滇中城市群的核心圈,亚洲5小时航空圈的中心,国家一级物流园区布局城市之一,中国面向东南亚、南亚开放的门户城市,国家历史文化名城,西部地区重要的中心城市之一,云南省最重要的经济、政治中心,文化、教育、科研中心。

2018年,昆明市下辖7个市辖区(五华区、盘龙区、官渡区、西山区、呈贡区、晋宁区、东川区)、1个县级市(安宁市)、3个县(富民县、嵩明县、宜良县)、3个自治县(路南彝族自治县、寻甸回族彝族自治县、禄劝彝族苗族自治县),总面积21473 km²,常住人口685万人。

根据《昆明市近期规划建设规划(2016—2020)》,围绕把昆明市建设成为云南省辐射南亚、东南亚的核心,生态文明排头兵建设的发力点和民族团结进步的示范区;基本形成以"一湖四片、一主四辅"为核心,三大板块协调发展的网络化、多中心、组团式的市域城乡发展格局。

1.市域城镇体系发展指引

在市域范围内积极推进核心圈层放射的空间结构形态,构建以昆明主城为核心,以昆明周边县、市、区为节点的一核多中心的城镇空间格局,形成城乡统筹、产城融合、节约集约的多层次城乡空间发展格局。

2.空间布局引导

在市域范围内进一步推动"一核五轴、三层多心"布局结构的形成,形成"中心城区—都市区—市域"三个发展层次:中心城区作为区域发展的核心;都市区由中心城区和安宁、嵩明、宜良、晋宁、海口和富民等第二级城市构成,构建交通联系紧密,经济社会发展一体的高度城市化地区。

3. 等级职能结构构建

近期昆明将形成"中心城区—二级城市—三级城市(镇)—重点镇—一般镇"五级配置的市域城镇等级结构。

中心城区：承载昆明城市的核心职能,重点发展现代综合服务业、高新技术产业和新型加工业。

都市区：包括滇中新区安宁片区和嵩明片区、宜良、海口、晋宁、富民等二级城市,是昆明基本职能的主要空间载体,并接纳从中心城区扩散出的产业与人口。

市域其他城镇：包括三级城市(镇)、重点镇、一般镇,主要承担具有地域优势的特色职能和地区性发展中心。

4. 昆明主城与滇中新区协调关系

昆明主城与滇中新区将走"两极引领,分工明确;轴向拓展,扩容提质;有机融合,设施共享"的协调发展道路。

"两极引领,分工明确"：昆明主城和滇中新区分别承担"省会功能发展核心"和"产业经济发展核心"的重要作用。

"轴向拓展,扩容提质"：拉开城市空间骨架,摆脱"单中心蔓延"的城市空间拓展模式,而走向"轴向拓展"的发展格局。

"有机融合,设施共享"：在交通基础设施、市政基础设施、绿化环境建设等多种方面形成有机融合、设施共享、相互促进的良性发展氛围。

二、路南石林

路南石林位于云南省路南彝族自治县内,昆明市东南87 km,分布范围约350 km²。相对高度1~50 m,一般高度10~20 m,且成群地出现,故形象地称为"石林"。

作为地貌学专有名词,路南石林的地学含义是：在平缓高原面,开始受到土壤(红壤)的溶蚀作用(地表下进行),之后因地壳抬升,并被土壤侵蚀揭露于地面,继而形成长期降水溶蚀改造的一种特殊类型的"剑状"亚热带喀斯特地貌景观。石林是一种特殊的巨石牙类型。它的发育除以岩性为基础外,更重要的限制因素是气候。

路南石林主要发育在下二叠统和上、中石炭统厚层、块状纯碳酸盐岩上,尤其前者的茅口组石灰岩和栖霞组燧石灰岩与白云岩。另外,该区处在扬子准地台的滇黔台坳西南隅,轴向北北东—南南西牛首山隆起的西翼,高角度节理裂隙发育,构成棋盘式网络,有利地下水渗流溶蚀作用。而且岩层产状平缓,碳酸盐岩层呈以2°~8°,一般以约5°的缓倾斜,是石林存在的有利条件。该区所处纬度较低,第三纪和早第四纪的古纬度还要偏低,而且当时该地还处在低海拔位置,在二者结合所赋予的古热带气候环境下,石林才得以发生、发展。在这样的环境中,继承前期的石牙,或沿着密集分割岩块的棋盘式节理裂隙,以土下溶蚀作用占优势,逐步发育形成石林。正是这种土下溶蚀作用,使石林的中、下部普遍地被塑造成光滑、浑圆并伴有大小孔穴的形态。这种孔穴两端开口大,向中央缩小,正是地下水向中央渗透运动过程溶蚀渐弱的表征。因此,它跟前期没有土被覆盖,在出露的碳酸盐岩上直接溶蚀生成的巴布亚新几内亚和沙捞越等地的"针状喀斯特"不同。

形成石林的石灰岩中含有极丰富的海洋生物化石,包括珊瑚类、腕足类、头足类、筵类等,有些岩石几乎完全由生物碎屑组成,可见在2.7亿年前的二叠纪时期,石林地区曾是富有生机的海洋世界,这些化石不仅是地球生命的记录,也是石林沧桑变化的见证。

三、九乡溶洞

九乡溶洞位于宜良县城东北九乡彝族、回族乡境内,距昆明92 km,是由高原构造隆升、岩溶水文地质作用与河流地质作用形成的地质遗迹和地质景观,为典型的洞穴景观和峡谷景观类型,是以溶洞景观为主体,洞外自然风光、人文景观、民族风情为一体的综合性风景名胜区。九乡溶洞数量丰富,据目前所知,大小洞穴约有90多个。它们主要沿南北流向的南盘江一级支流麦田河两岸呈扇状展开,两侧支流小岔河、比柯河、甸尾河、风摆臀、小餐、柏枝棵等多从洞穴内钻进钻出,构成范围广达30多平方千米,云南省规模最大、数量最多的洞穴群落体系,被人们誉为"洞穴博物馆"。现已开发的九乡风景区有十大景域:峡谷旅游观光电梯、荫翠峡、惊魂峡、古河穿洞、雄狮厅、仙人洞、雌雄双瀑、林荫寨、蝙蝠洞和旅游索道。

1.溶洞结构及类型规律

水平洞穴是九乡溶洞群发育的主要类型,这是由于伏流沿侵蚀基准面溯源溶蚀时经历了间歇性上升的缘故。凡地壳活动处于稳定状态的间歇期,就会形成较长大的水平溶洞或者是裂隙水沿平缓倾斜的层理溶蚀,形成了叠置状的扁平洞穴,特别是地下水沿古高原夷平面间歇性下切,造就了众多小规模的水平溶洞。

经向和近经向延伸是九乡溶洞发育的又一个特点。这是由于九乡地表径流和地下伏流多沿北高南低的经向岭谷发育所致。其中主要河道麦田河,基本上是沿着北北东走向的九乡—石哑口断裂带发育的。这种地表和地下径流网络是形成经向或近经向溶洞群的基本原因。

伏流造景是九乡溶洞发育类型的第三个特点。根据水文地质调查,九乡地区共有3条暗河系统,即三脚洞景区的小岔河、麦田河中下游的叠虹桥暗河和盲鱼洞暗河,全长约为十多千米。这些暗河与其两侧地下伏流网的溯源溶蚀,形成了许多地下洞穴景观,如地下河不均匀性底蚀和侧蚀形成的曲流、河漫滩、深潭、瀑布、阶地、石鲤等洞穴流体地貌,又如伏流两侧沿层理、裂隙渗透的岩溶水在V形谷坡上形成的边石坝、边石盆、石幔、石旗、石芽、石笋、石柱、石瀑布、石花等沉积形态。

2.溶洞的发育条件

九乡溶洞群的发育和形成,受多种条件和因素控制,归纳起来主要为以下六个方面。

(1)区域地层条件

九乡溶洞群地处牛首山古陆西缘,成景岩组为超覆于牛首山元古代地层之上的震旦系灯影组碳酸盐岩,如白云岩、硅质白云岩、白云质灰岩等。这些可溶性岩类多为距今5.7亿~6亿年的浅海相白色、灰白色中厚层状和块状,具有硬、脆、碎等物理属性,为岩溶过程奠定了良好的物质基础。

(2)区域构造条件

九乡溶洞群地处九乡—石哑口经向断裂带范围内。近于水平产状的碳酸盐岩地层受该断裂的影响,产生了两组垂直交叉的裂隙,一组为南北向,一组为东西向。这些裂隙不仅发育深度大,且均匀、密集,当两组节理裂隙交错成网时,溶洞的溶蚀过程就会加快,从而塑造了宽广宏大的洞厅。如三脚洞,就是在上述两组裂隙的控制下,形成了跨度达70 m的巨洞。由此可见,九乡溶洞群是一个非稳定性断裂、溶蚀和侵蚀叠加的岩溶洞穴系统。这类洞穴,一般与波及地壳巨大地段的、大致同一属性的应力条件下所产生的断裂有关,所以通常具有明显的线性延伸方向,地质学界将这种线性构造形态称为线性体。可溶性岩类一旦受到这种脆而碎的线性体影响,就会以比非线性体部位的溶蚀率大得多的活力进行溶蚀或潜蚀。

(3)古地理环境条件

震旦纪时期九乡地区还处于牛首山古陆边缘浅海相环境,沉积了巨厚的以白云岩为主体的可溶性岩层,为新生代以后喀斯特作用提供了物质基础。震旦纪末,云贵高原发生晋宁造山运动,地壳的差异升降使九乡成为牛首山隆起的一部分,而与之相毗邻的东南部则相对凹陷为古海湾。至新生代,云贵地区受喜马拉雅运动影响,大面积向上隆升,经强烈的剥蚀作用,形成了起伏和缓的古高原面或夷平面。在此期间,九乡地区基本上处于以水平溶蚀为主的喀斯特发育阶段。进入第四纪以来,新构造运动强烈,断块间差异性隆升显著,区域侵蚀基准面下降。峡谷两侧丘顶可看到残留的古夷平面,可见九乡溶洞群就是在这种间歇性抬升背景下形成的第四纪峡谷后期溶蚀洞穴群落。

（4）水动力条件

水是塑造喀斯特地貌的基本动力之一。含有二氧化碳等化学物质的岩溶水，在地势相对高差较大和新构造运动强烈的地方，会凝聚成强大的侵蚀、溶蚀活力。九乡地区处于牛首山边缘，悬殊的断陷盆地边际分水岭及侵蚀—溶蚀中山峡谷地貌，为发达的麦田河水系溯源侵蚀和洞穴堆积提供了良好的条件。九乡卧龙洞、白象洞、三脚洞之所以形成深长的峡谷型暗洞以及暗河切蚀的阶地、河床、曲流等形态，都与强大的水动力机制息息相关。溶洞厚达百余米的包气带、落差近 30 m 的大瀑布以及倒石芽、边石盆群等，也是强水动力条件下溶蚀、沉积系统特征的表现。

（5）气候条件

九乡一带气候环境有利于生物大量繁殖生长，促进生物化学溶蚀和机械破坏作用。集中降水也利于水流对灰岩的侵蚀和搬运。据该区沉积环境分析，九乡一带在中新世以后开始转为湿热的热带—亚热带雨林环境，这是喀斯特发育的最佳环境。直至今日，九乡地区仍为中亚热带气候所控制，这种湿热气候环境，使溶洞中水动力条件发生变化，次生碳酸钙大量沉积，构成洞穴主体景观。目前洞中还有渗滴水和季节性水流，溶洞喀斯特化过程仍在进行。

（6）土壤植被条件

在九乡夷平面上堆积着长期风化淋滤形成的残积红壤和风化壳，富含铁镁，对增强岩溶水溶蚀强度有重要作用。地表覆被率较高的植物，其根系分泌的有机酸类物质对地表水的酸化过程也有促进作用。当地表水下渗时，溶解土壤层和植物根系分泌的酸类物质，再溶蚀灰岩、白云岩，则会产生更大的加速效应。

四、西山与滇池

西山与古滇池是古代地质运动所生的一对"双胞胎"，大约中生代末与新生代初（距今约 7000 万年），古盘龙江已发育，由于长期的流水侵蚀作用，使昆明附近成为宽浅的谷地。到新生代中新世晚期（约在 1200 万年前），云南大地发生多次间歇性的不等量上升，后又出现南北向的大断裂。断层线以西，地壳受到抬升，形成山体陡峻的西山，似从湖畔拔地而起；断层线以东相对下沉，加之晋宁区西南部与玉溪市交界的刺桐关山地的抬升，导致古盘龙江南流通路被阻，积水而成为古滇池。

（一）西山

西山位于昆明市西郊 15 km，处于滇中高原的核心地区，是滇中高原上有代表性的山地之一，由华亭山、太华山、罗汉山等组成。峰峦连绵约 40 km，植物种类繁多，被誉为滇中高原的"绿翡翠"。山体沿构造线呈近南北走向,成因类型属小起伏(浅切割)中山,是在燕山运动初期因断裂隆起,后经喜马拉雅运动形成的。山体受普渡河—西山大断裂作用的影响,东坡较陡,面向滇池,山脚至山顶相对高度约460 m。

1.西山植被概况

与我国东部(中部、华东)亚热带常绿阔叶林比较有以下特点:

首先,植物区系方面丰富独特,许多还是主要植被类型的建群种,如云南松、滇青冈、高山栲、滇油杉,这一现象为东部地区所缺乏。东部地区的一些重要种类不见于本亚区而出现相应的替代现象,东部的马尾松、青岗、油杉为云南松、滇青冈、滇油杉替代,说明二区之差异。

其次,植物种类丰富,植被类型多样,虽同为亚热带常绿阔叶林,但在种类组成,生态结构上反映出西部类型偏干的特点,如落叶树种多,硬叶、小叶、浆质多刺,多毛、具有臭味的植物多。此外,原生植被与次生植被、栽培植被之比,比东部地区大。

2.主要植被类型

西山除怪石林立的罗汉崖外,均为茂盛的原始次生林,且伴随着山体高度的变化,森林垂直带谱十分显著。山体下部,以栎类为主的亚热带常绿阔叶林;山体上部,以云南松、华山松为主的针叶林占据主要地位;在海拔2150 m以上的石灰岩地带,冲天柏林和多种落叶阔叶林随处可见。西山森林公园中,植物多而集中,分布有167科、594属、1086种灌乔木和其他植物。

(1)滇青冈林

位于西山海拔1980~2220 m处,较大面积分布于华亭寺后山,其左、右、下方都与以滇油杉为主的常绿混交林相接,它是昆明市区附近面积最大、保存最好、代表性最强的半湿性常绿阔叶林植被,林冠整齐呈暗绿色,树冠球形,层次清楚,可划分为乔木上层,乔木亚层,灌木层和草本层。

(2)滇油杉林

位于海拔1920~2160 m处。除形成小片纯林外,经常和高山栲、滇青冈、云南松或华山松混交,亦有人工林。

(3)高山栲、滇油杉混交林

主要在海拔2060~2180 m处,在太华寺海拔1900~2100 m也有分布,因上层乔木优势种主要是高山栲、滇油杉而得名。土壤为玄武岩上发育的山原红壤,植物种类大多喜阴耐旱,常绿针叶和落叶成分较滇青冈林多。

（4）华山松林

海拔2050~2280 m，太华寺公路旁边直至太华山气象站一带均有分布。所在地为较缓的阴坡，土层深厚，湿润而肥沃，空气湿度大。乔木层高约20 m，胸径一般30cm，华山松占绝对优势，树干通直浑圆，树冠呈塔形，色嫩绿，枝叶稀疏而优美，木材纹理好而易于加工。树干上附生有苔藓、地衣。乔木层盖度约75%，空气中散发着松脂味，清新怡人。除华山松外，乔木还有滇青冈、滇石栎、旱冬瓜、云南松、灰背栎等。乔木亚层高约6 m，盖度小而种类多，除上层种类外，还有厚皮香、水红木、梁王茶、细齿叶枸木、米饭花、竹叶椒、薄叶鼠李、野樱、棠梨刺、红叶木姜子等。因常受人为干扰，小乔木和灌木不太发达，造成林内较空旷。

（5）地盘松灌丛

位于海拔2260~2300 m处，面积不大，分布在气象站西北方山坡上，高约1 m，贴伏地表生长，根系粗而深，能抵御强风和忍受干旱的生境，其间杂有云南松，灌丛下其他植物不多，有倒卵叶兔耳风、刺芒野古草、野丁香、冬紫苏等耐旱的植物种类。

（6）石灰岩常绿灌丛

位于海拔2260~2300 m处，分布在太华寺直至三清阁一带土壤浅薄岩石裸露极多的石灰岩山坡上，其间生有华山松、云南松、干香柏等，灌丛高1 m多，外貌参差不齐，表现为在石灰岩背景下散布有灰绿色的斑点状植被，盖度小，灌草混生。

（7）干香柏疏林

分布在三清阁至千步岩附近的石灰岩坡地上，干香柏树干径圆通直，树形高傲挺拔，耐干旱，多作为庄园、庙宇、河堤、道路的绿化树种，也是优良的造林（特别适宜石灰岩地区）用材树种。其间混生有塔形树冠，笔直的刺柏，灌草丛种类和石灰岩灌丛相近。

3.西山土壤概况

西山发育分布有红壤土类（含山原红壤、棕红壤等亚类），石灰土（含红色石灰土和黑色石灰土等），东部山麓湖滨有沼泽土，西部安宁盆地还有紫色土等。分布面积大的是山原红壤、红色石灰土等，简要介绍如下：

（1）山原红壤

主要分布于山麓至2300 m高度范围，分布有玄武岩、碳酸盐岩、砂页岩古红色风化壳（古土壤）的区域。山原红壤形成是在早期高温高湿下，经脱硅富铝风化，形成了大面积深厚的高富铝风化壳，由于大陆抬升，残存于海拔1800~2200 m的高原面上。

山原红壤质地为壤质黏土，小于0.002 mm的黏粒含量一般小于40%，粉/黏比约0.5，酸性至微酸性反应，pH为5.3~6.3。阳离子交换量和盐基饱和度均显著高于红壤中的其他亚类，分别为12.8 cmol/kg和60%以上，反映了近代气候具有长达半年的旱季，土壤的现代风化淋溶程度相对较弱。但是由于受红色古风化壳的影响深刻，土壤风化淋溶系数也仅约0.1，黏粒的硅铝率均小于2.0，平均为1.8，最低仅有1.02；硅铁铝率小于1.6，最低为0.8。粘粒矿物组成以高岭石为主,其次是伊利石和三水铝石,以及少量的蛭石等。这些性状反映了山原红壤曾经历古气候的强烈风化淋溶作用,具有明显的脱硅富铝化特征。

据山原红壤表土层的养分资料统计,有机质含量一般为30~40 g/kg,全氮1.34 g/kg;而旱地土壤有机质含量平均25.5 g/kg,全氮1.15 g/kg,全磷平均0.72 g/kg,速效磷的变幅较大,但均在8 mg/kg以下。全钾不高,一般在10~15 g/kg,而速效钾可达100 mg/kg以上,在红壤各亚类中处于较高的含量水平。表土的有效微量元素含量锌为1.02 mg/kg,硼为0.07 mg/kg,钼为0.14 mg/kg,锰为38 mg/kg,铜为1.01 mg/kg,铁为7.4 mg/kg。

山原红壤区因其存在长达6月的旱季,极大地限制了耕地复种指数和冬季作物单产的提高,使冬季较高的气温和较强的光照难以发挥作用,成为种植业持续发展的限制因素,此外,土壤缺磷较突出,施用磷肥效果极为显著。

(2)红色石灰土

分布于西山聂耳墓及以南的石灰岩地区。现存植被以常绿阔叶灌丛、旱生稀疏禾本科荒草地为主,间有少量云南松、华山松等,面积较大。生物循环过程、富铁铝化作用亦很强烈,但成土母质对土壤的影响较大,土壤pH6.5~7.5之间,整个剖面均有碳酸盐反应(从弱至强),质地黏重,土层厚薄不均,多石灰岩露头(表8-1)。

表8-1 昆明西山红色石灰土化学分析结果(母岩为石灰岩)

采样深度/cm	活性有机质(g/kg)	活性有机碳(g/kg)	全氮(g/kg)	C/N	pH	总酸量(cmol/kg)	代换氢(cmol/kg)	活性铝(cmol/kg)	盐基总量(cmol/kg)
4~11	178.4	103.5	2.0	51	7.0	0.452	0.328	0.124	18.22
26~36	144.3	83.7	2.0	41	6.9	0.340	0.280	0.057	25.30
56~66	142.7	82.8	2.5	33	7.2	0.281	0.244	0.037	19.39
79~90	158.1	91.7	2.5	37	7.2	0.217	0.205	0.011	14.95
100~126	71.2	41.3	1.3	31	7.6	0.310	0.298	0.011	11.47

(资料来源:云南省土肥站.云南土壤,昆明:云南科技出版社,1996)

(3)黑色石灰土

黑色石灰土与红色石灰土呈复区分布,一般分布在地势平缓丘陵坝区或水分充足石灰岩山地上及石灰岩岩隙中,自然植被为常绿阔叶林或禾本科草甸为主,pH7.5;全剖面均有碳酸盐反应。

(二)滇池

滇池,又名昆明湖、昆明池、螳螂川,古称滇南泽,云贵高原淡水湖泊中的头号大湖,在全国淡水湖中居第六位,国家重点保护水域之一,属长江水系内陆高原湖泊。位于云南省昆明市西南,是喜山期构造运动后形成的断陷湖,主要是近南北向的西山大断层东侧下降后积水成湖,形似弯月,接纳盘龙江、宝象河、马料河、落龙河、捞鱼河等20多条河流来水,属金沙江水系普渡河上源,年来水量 $7×10^8 m^3$。

1. 滇池污染

由于滇池位于大的断裂带上,是大河水系的分水岭地带,入湖支流水系较多,而出湖水系仅有一条出流通道,具有出流小的半闭流特点,因此换水周期较长,输入湖泊的盐类及其他物质容易在湖泊中积聚,在自然演化过程中,湖面缩小,湖盆变浅,致使湖泊自我调节能力较低,生态系统脆弱,一旦遭到破坏将很难完全恢复。滇池在自然因素和人类活动因素的双重作用下,自20世纪70年代后期开始受到污染,进入20世纪90年代后污染速度明显加快,湖泊生态系统结构退化、功能丧失,生物多样性被严重破坏。在1996年第四次全国环保工作会议上滇池被列为全国重点治理的"三河三湖"之一,滇池水污染防治被列入全国环保"九五"重点工程。

滇池污染的源头主要来自于人类大规模的生产生活和对湖区资源的不合理开发利用。人类活动产生的工业污染、农业污染、居民生活污染等直接威胁着滇池水体的水质,是造成滇池水体富营养化的直接原因。

工业污染:滇池地处磷矿区,大量磷质不可避免地进入滇池水体,造成滇池水质富营养化。

农业污染:滇池流域有 $3.2×10^4 hm^2$ 农田,花卉作为云南省的特色经济产业,种植面积也有很大规模,复种指数高,施肥量大,大量未吸收、未降解化肥随回归水和雨水冲刷进入沟渠和湖泊;流域内农村每年还产生大量固体废物和废水,绝大部分未经处理就直接排进河道。

居民生活污染:滇池位于昆明市主城区的下游,城市排放的污水顺着河道直接排入滇池。

2. 滇池污染治理

起初,滇池的治理模式较为单一,人们过多地将目光放在滇池本身的治理上,而没有从整个流域的角度去考虑治理方法。治理区域主要集中在湖盆区,治理重点主要放在截污过程和污水净化达标排放,治理方式也局限在工程措施。污染物负荷远远超出自然赋予的承受能力,环境治理严重滞后于经济社会的发展。

随着滇池治污进程的推进,特别是国务院"三湖"会议后,滇池治理的基本思路有了转变,治理的模式也逐渐趋于合理,治理模式的探索出如下综合治理对策:

（1）点源、面源污染治理

从污染源头上做好污染物减排和达标排放，这是治理的关键之一。应对工业面源，企业应加快转变经济发展方式，优化工业结构，淘汰高消耗、高污染企业，大力引进新技术、新设备，实现污染物的少量排放和达标排放。应对农业面源污染，大力发展生态农业和有机农业，对传统的农业生产方式进行变革。

（2）内源污染疏浚

建设污泥集中综合处理处置工程。采取工程措施，运用挖泥船和高压水泵，充分吸出湖底的淤泥，通过有压管道输送到距离湖岸很远的地方储存起来，作为有机肥料变废为宝地运用在周边农田的施肥上。

（3）生态修复

充分运用生态修复的方式改善滇池水质，引入外来系统，包括：净水微生物、植物、食浮游植物的动物、鱼类、底栖动物，建立良好的生态平衡系统，从而达到去除有机物、无机盐、藻类、细菌等污染物的目的。

（4）跨流域调水

滇池的水体经过长时间的富营养化，已经变得污浊不堪，水体呈深绿色。目前滇池流域水资源平衡主要靠利用回归水解决，由于滇池被污染，回归水水质不断恶化，反过来又加重了滇池的污染、加速了湖水富营养化。因此，采取跨流域调水的方法，从别的流域引入清洁水体对滇池的水进行水体置换，建立起长效机制以达到净化滇池水质的目的。

（5）公众参与

建立和健全公众参与机制，提高全社会对滇池治理重要性的认识，建立民意反馈渠道，接受群众的监督和批评并采纳公众较好的建议，让每个人都参与到"治理污染、保护家园"中来。

当前，滇池治污已树立起"湖外截污、湖内清淤、外域调水、生态修复"四大刚性目标，加大对周边城市污水进行集中处理的力度，调动滇池周边五华区、官渡区、高新区等区域参与到滇池的治污进程中来，严格推行河（湖）长制，建立昆明市滇池水生态管理中心督促滇池的治理过程。2016年滇池水质由劣Ⅴ类提升为Ⅴ类，2018年一季度，滇池外海、草海总体水质均为Ⅳ类，经过多年的努力，滇池污染治理已初见成果，水质出现转好，主题公园游、生态湿地游、环湖骑行游、古滇战船游、渔文化节游等一系列旅游项目在滇池逐步兴起。

五、云南民族村

民族村是云南丰富多彩民族文化的缩影。20世纪90年代，以深圳"锦绣中华"为代表的特色主题公园兴起，开辟文化旅游的又一道路，全国各地纷纷效仿。云南是我国少数民族最多的省份，打造一座凝练云南多元民族文化精华的"主题公园"是大势所趋。

云南民族村是大型民族文化主题公园,始建于1991年,1992年2月2日建成并投入使用。位于昆明市郊滇池国家级旅游度假区内,距市区8 km,占地84.67 hm²,与西山森林公园隔水相望,国家4A级旅游景区。公园长期坚持"传承文化、引领欢乐"的企业核心价值理念,坚持"两原两真"即原住民、原生态、真建筑、真民俗的建村原则,分别建有云南25个世居少数民族(傣族、白族、彝族、纳西族、佤族、布朗族、基诺族、拉祜族、藏族、景颇族、哈尼族、德昂族、壮族、苗族、水族、怒族、蒙古族、布依族、独龙族、傈僳族、普米族、满族、回族、瑶族、阿昌族)和摩梭族人共计26个村寨,民居均按1∶1的比例建筑。在建设过程中,民族村采取了各个独立民族村落的形式,既保持了各民族的个性,又可以让各民族的生活习俗、建筑风格、宗教信仰、文化风情等丰富多彩的民族文化得到充分的展现。

经过20多年的建设,云南民族村累计招收和培训少数民族青年6000多人,累计引进及培养各级非物质化遗传承人30余人,对云南少数民族地区的经济发展、民族文化传承与保护、社会稳定都产生了广泛而深远的影响。国际民间艺术节中国组委会将云南民族村命名为"民间传统文化艺术基地"。此外,民族村还是国家民委与云南省民委命名的"云南民族文化基地"、云南省文化厅命名的"非物质文化传承保护基地"。

思考题

1. 简述昆明城市发展建设的区位条件。

2. 结合实际情况总结昆明城市建设中存在的问题。

3. 试分析比较昆明与重庆两座城市的发展异同点。

4. 以路南石林为例分析喀斯特地貌的成因及其特征。

5. 路南石林喀斯特地貌景观的形成条件有哪些?

6. 当前路南石林旅游开发中存在哪些问题?

7. 阐述九乡溶洞洞穴结构发育特点。

8. 分析九乡溶洞的发育都受哪些条件或因素影响?

9. 论述西山与滇池的形成原因。

10. 西山主要植被类型有哪些? 各有什么特点?

11. 描述西山土壤剖面形态变化特征。

12. 分析云南民族村主题公园在旅游开发中存在的问题并提出相应的改进措施。

参考文献

[1] 云南省地方志编纂委员会. 云南省志·卷1·地理志[M]. 昆明:云南人民出版社,1998.

[2] 陈永森,赫维人. 云南地理[M]. 昆明:云南师大地理系,1989.

[3] 赫维人,陈永春,杨明. 云南农业地理[M]. 昆明:云南人民出版社,1980.

[4] 明庆忠,童绍玉.云南地理[M].北京:北京师范大学出版社,2016.

[5] 林钧枢.路南石林形成过程与环境变化[J].中国岩溶,1997(04):66-70.

[6] 彭莉.论主题公园对传承和弘扬民族文化的综合载体作用——以云南民族村为例[J].学术探索,2016(9):151-156.

[7] 卢云亭.九乡风景区地学机制及其开发研究[J].自然杂志,1991(09):679-683.

[8] 保继刚.喀斯特洞穴旅游开发[J].地理学报,1995(04):353-359.

[9] 金振洲.滇中高原昆明-玉溪湖盆地区的植被特征[J].云南大学学报:自然科学版,1988,10(增刊):1~12.

[10] 金振洲,彭鉴.昆明植被昆明[M].昆明:云南科技出版社,1996.

[11] 王宝荣.昆明西山植被概况[M].昆明:云南大学生态地植物学研究所,1984.

[12] 李明,李羚菱,郑茹敏,等.昆明西山森林公园土壤类型及特征研究[J].绿色科技,2016(10):154-155,159.

[13] 赵其国.昆明地区不同母质对红壤发育的影响[J].土壤学报,1964(03):253-265.

[14] 钟华邦.地质素描——云南昆明滇池断陷湖[J].地质学刊,2011,35(1):49.

[15] 何鹏,肖伟华,李彦军,等.变化环境下滇池水污染综合治理与对策研究[J].水科学与工程技术,2011(1):5-8.

[16] 李根保,李林,潘珉,等.滇池生态系统退化成因、格局特征与分区分步恢复策略[J].湖泊科学,2014,26(4):485-496.

[17] 冯建昆.云南民族村少数民族从业人员的调查研究[J].中国西南民族研究学会第十二次年会论文.

[18] 梁黎.中国民俗文化村.云南民族村.中华民族园[J].中国民族,2009(Z1):104-105.

[19] 姜汉侨.云南植被分布的特点及其地带规律性[J].云南植物研究,1980(01):22-32.

[20]云南省土肥站.云南土壤[M].昆明:云南科技出版社,1996.

第九章　攀枝花实习区

第一节　攀枝花实习区概况

一、地理位置

攀枝花市位于四川省西南缘,邻接云南省,金沙江与雅砻江交汇于此,26°05′N~27°21′N,101°08′E~102°15′E,辖区面积7440.398 km²。东北面与四川省凉山彝族自治州的会理、德昌、盐源三县接壤,西南面与云南省的宁蒗、华坪、永仁三县交界。北距成都749 km,南接昆明351 km,是四川省通往华南、东南亚沿边、沿海口岸的近点,为"四川南向门户"上重要的交通枢纽和商贸物资集散地。

二、地形地貌

本区地跨横断山系,东临大凉山脉,北接大雪山,南抵金沙江,地势西北高,东南低,呈逐级下降趋势,最高点为盐边县与盐源县交界处的穿洞子,海拔标高4195.5 m,最低点为金沙江河谷的师庄,海拔标高937 m,最高点和最低点海拔高差达3258.5 m。山体走向近南北,属中山—低山地貌,高山深谷夹局部宽谷、山沟盆地、低丘和小坪坝。

攀枝花坐落在狭窄的金沙江河谷内,金沙江西岸山地海拔2000~3500 m,切割深度500~1000 m,山坡陡峻,基岩裸露,风化和沟蚀强烈,滑坡、泥石流时有发生。金沙江河谷下部低阶地发育不好,分布较少,而上部的高阶地较发育,并且保存较好。第四级阶地主要分布在格里坪、三堆子一带,高出江面40~60 m,阶地面宽300~500 m,为基座阶地,基岩上覆有沙砾石层。第五级阶地分布在弄弄坪、炳草岗一带,高出江面80~100 m,阶地面宽300~500 m,为基座阶地,基岩上覆有2~3 m厚的黄棕色沙砾层,由于后期流水侵蚀,阶地面起伏不平。第六级阶地分布在清香坪至大水井一带,高出江面120~140 m,阶地面宽400~500 m,为基座阶地,基座上覆有百余米厚的砾石层和1~5 m厚的粉砂黏土层,阶地已被侵蚀切割。市区分八个片区散布在这些阶地上,如炳草岗、弄弄坪、大水井、河门口等。

三、河流

攀枝花市隶属长江水系,河流多,境内有大小河流95条,分属金沙江、雅砻江两大水系,两水系在雅江桥处汇合。其中金沙江在市境内全长133 km,流域面积2370 km²,主要支流有新庄河、大河、巴关河、摩梭河等。雅砻江在市境内全长101 km,流域面积3565 km²,较大支流有安宁河、三源河等。其中,安宁河是市境内汇入雅砻江的最大支流,全长76 km。

四、气候

攀枝花市属南亚热带—北温带的多种气候类型,被称为"以南亚热带为基带的立体气候",具有夏季长,四季不分明,干、雨季分明,气温日变化大,气候干燥,降雨量高度集中,日照长,太阳辐射强,蒸发量大,小气候复杂多样等特点。攀枝花市是四川省年平均气温和总热量最高的地区。2017年攀枝花市相关气候数据(表9-1)。

表9-1　2017年攀枝花市气候数据

指标	数据	指标	数据
平均气温/℃	20.0~21.4	全年总降水量/mm	787.1~1239.0
全年月平均气温最高6月/℃	25.5~28.2	市日照时数/h	2108.3~2711.0
全年月平均气温最低12月/℃	12.4~13.5	年平均相对湿度/%	57~65

五、生物资源

攀枝花市的植物和野生动物种类繁多,达2500多种。珍贵稀有动物中,国家一级重点保护动物有4种(金雕、豹、黑颈鹤、四川山鹧鸪),国家二级重点保护动物30种。国家重点保护的一级、二级珍稀濒危植物14种,其中一级重点保护珍稀濒危植物攀枝花苏铁举世称奇,成片生长,达20多万株,且年年开花,雌雄竞放。

第二节 实习内容

一、干热河谷和立体农业

(一)干热河谷

1.概念

根据纵向岭谷区及三江并流区的实际,干热河谷的年平均气温、月平均气温、日平均气温均要高于河谷两侧台地或山地的气温,结合云南和纵向岭谷区基本属于"干热"和"干暖"两类型的实际情况,称之为"干热河谷"。所谓干热河谷系指又干又热的河谷地带,"干"系指四周被相对湿润的环境所包围的较干旱的河谷底部,其干燥度达到或接近半干旱气候的标准;"热"是指其气温高于四周环境,是属于与周边湿润或半湿润等气候及景观不协调的地域类型。因此,"干热河谷"是专指地处湿润气候区内以热带或亚热带为基带的干热河谷。

2.分布

金沙江干热河谷介于金沙江金江街段(云南省永胜县内)至对坪段(四川省布拖县内)之间的海拔1600 m以下的河谷地带,其地理位置介于25°20′N~27°25′N, 99°50′E~104°10′E之间,河谷总长度802 km,面积3260 km²,占干热河谷总面积的67.14%,是我国横断山区干热河谷集中分布地带。金沙江流域干湿季明显,7~9月份的降雨量占全年的60%以上,而流域河谷地带的蒸发量高达3847.6 mm,海拔2000 m以上的高原蒸发量一般在1200 mm以上,平均降雨量仅为614 mm,蒸发量大于降水量,这是流域缺水和干旱的主要原因。

四川省干热河谷主要位于金沙江、雅砻江中、下游流域的干热河谷区,范围涉及甘孜州南部金沙江、雅砻江大渡河的河谷区、攀枝花、凉山州金沙江干流及支流的河谷区(图9-1)。云南省干热河谷主要分布在沿金沙江的元谋、黄坪和巧家等干热河谷盆地。干热河谷生态环境恶化,植被覆盖率低,水土流失严重,已经成为我国典型的生态脆弱区和植被恢复困难地带,是全国生态环境建设的重点地区。

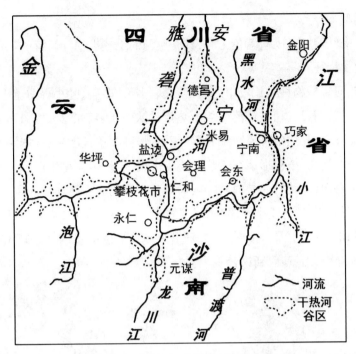

图9-1　金沙江干热河谷分布图

3.特点

干热是气候中湿度和温度指标的定性表述,是两类物理过程的结果,水汽凝结引起热量释放和水汽湿度降低,并使空气温度增加。显著的实例是地形对气流产生的"焚风效应",加上西南季风的影响,在旱季出现的"干热风"。

(1)区域分布的局限性

金沙江干热河谷干热区域分布的海拔高度在不同地区有所差别,如在云南一般位于河床以上400~600 m的河流两岸阶地和山坡,在华坪、永胜、宾川、大姚、永仁、元谋、武定、禄劝、东川、巧家等县的干热河谷干热带上限达1300~1500 m,而在怒江海拔1200 m以下、元江海拔1000~1400 m以下、澜沧江海拔1100 m以下不间断的河谷也有分布,在四川主要在攀西地区的金沙江海拔1500~1600 m以下河谷。

(2)干热气候特征

金沙江干热河谷典型区范围为华坪至巧家段(包括沿江的四川攀西部分的干热河谷区),其最基本的环境特征是既热又干。干热河谷热量条件十分丰富,是我国分布最北的一块"热区"。干热河谷区气温高,热量丰富,旱季干燥,干热同季。除冬温低于热带地区外,可与滇南南亚热带相比,但年均温低于华南地区。大于30 ℃的高温天数为126~157天,可与广州相比。全年降水700~1000 mm,且6~10月的累积降雨量约占全年的90%,受局部地形的深刻影响,降雨形式以对流雨形成的暴雨为主。因此,干热同季、热量丰富、干旱炎热成为干热河谷区最明显的气候特点。

（3）土壤类型

有燥红土、褐红壤、赤红壤、紫色土等，具有典型的干热生物气候特征。

（4）旱生植物特征

金沙江干热河谷植物种类比较单一，普遍具有多毛、多刺、叶小等适应干旱环境的形态特征，植被季节更替明显。植被群落外貌为热带常绿肉质多刺灌丛、稀树灌丛草坡，空间成层结构中无明显乔木层，热带种属常绿和落叶乔木呈独立单株散生；灌木层与草本层明显，草本层地面覆盖度最高；植被形态在干热生境中出现变异，适应旱生形态显著。其中，常绿肉质多刺灌丛主要包括两类：一是肉质叶或肉质茎常绿肉质灌丛如仙人掌、落地生根、霸王鞭、芦荟。二是被毛或多刺或小叶灌丛，常见的有余甘子（图9-2）、刺枣（图9-3）、金合欢（图9-4）等。稀树灌木草地常见的有锥连栎（图9-5）、攀枝花（图9-6）、虾子花（图9-7）、车桑子、余甘子、羊蹄甲、山黄麻、新银合欢等。

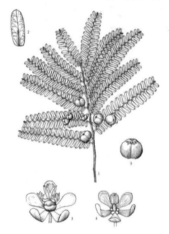

图9-2　余甘子

图9-3　刺枣

图9-4　金合欢

图9-5　锥连栎

图9-6　攀枝花　　　　　　　　　　　图9-7　虾子花

4.干热河谷成因分析

对于干热河谷的形成和演化的原因讨论目前存在着以下几大观点:一是地史原生论,认为干热河谷的出现是在自然地理环境演化中的必然产物,即是从河谷深切、气候变热变干在地史期间就形成目前的格局和现象,这种观点不能圆满地解释红河干热河谷孑遗的冷热性的河谷季雨林种属成分。二是焚风效应说,认为横断山区的山脉走向,大体上均垂直于西南季风或东南季风,山脉迎风坡截流较多的雨水,背风坡少雨,下山风又增温,致使河谷地区产生干旱现象,越向内陆,这种河谷干旱现象越明显,这种观点从气象学原理出发较易为人们所接受。三是山谷风局地环流说,依据山谷风理论认为,地形封闭,河谷深陷,具有形成局部干旱环境的前提,山谷中温度的日变化引起山谷风的昼夜环流,这种局地环流周而复始,长期作用的结果是谷地干燥的气流上升,形成具有一定垂直幅度的干旱现象,而谷地气流上升至一定高度所形成的云雾带又恰好与山地森林的存在相吻合。四是人类活动干扰次生说,认为现代干热河谷是由于受到人为扰乱砍伐原生的森林植被后才引发环境突变形成的,侧重在河谷由湿热环境转变为干热环境时森林植被对环境变化的影响,但忽略了干热自然气候效应的影响。五是自然—社会系统综合成因说,认为在理论上干热河谷的形成因素不可能是单一的,应包括大气环流、区域性环流和局地环流三种不同尺度环流系统的各相关因素,在不同地区,主导因素及其与其他因素的关系可能不同。

总的来说,地史演化是基础性因子,大气环流是外在性因子,人类活动因素只是加剧或遏制干热河谷恶化趋势的因子。总体上看,干热河谷成因是地—气—水—生交互作用及耦合效应在局地环境中的一种特异化表现。

（二）立体农业

1.概念

立体农业是一种着重于开发利用垂直空间资源的农业生产方式。具体地说，是在一定区域或一定土地(水域)面积内，充分利用生物的特性及其对外界空、时、光、热条件的不同要求，建立多层次配置、多种生物共栖的一种立体种植、立体养殖或立体种养有机结合的高产、高效、集约农业的生产形式。它分为同基面和异基面两种类型。

同基面立体农业形式多种多样，有林果立体间套、农田立体间套、水域立体种养和庭院立体种养等，具体有甘蔗套种辣椒(黄瓜)、苦瓜套种青椒、茄子、番茄，杧果套种咖啡，杧果树下套种生姜，黄檀或辣木与咖啡树套种，核桃树下套种烤烟或折耳根，林下养殖攀枝花噹噹鸡、养黑山羊等，稻田养鱼(鲤鱼、鲫鱼、泥鳅、黄鳝)，鱼池多鱼种混养等。

异基面立体农业体现在攀枝花不同的海拔高度，根据光、热、水条件不同，因地制宜地发展区域特色农业。

2.攀枝花市立体农业发展的自然资源禀赋

攀枝花市属于侵蚀、剥蚀的中山丘陵、山原峡谷地貌。地势由西北向东南倾斜，西北高，东南低，地形起伏，高差悬殊，以山地地貌为主，相对高差达 3200 m 以上，一般相对高差 1500~2000 m。在同纬度地区中，攀枝花市是一个独具南亚热带风光的城市，且以南亚热带为基带的岛状式立体气候著称。随着山的高度变化而发生"纬度"变化，热带、亚热带、温带、北温带的气候全有。年平均气温 20 ℃，年平均日照 2754 h，无霜期 300 天以上，夏无酷暑，冬无严寒。攀枝花市地貌和气候的天然立体性、多样性促成了生物的多样化，也为攀枝花市发展立体农业提供了优越的自然条件。

3.立体农业发展现状

（1）早春蔬菜

该市是农业部确定的国家"南菜北调"的重要基地，在海拔 1000~1250 m(年均气温 19℃~20 ℃)，冬春季节有充足水源保障的河谷冲积平坝、河谷阶地发展早春蔬菜更具有明显的比较优势。运用已有的丰产栽培技术，培育和引进高产、优质、高效、安全、多抗的蔬菜新品种，并进行科技创新与示范推广，建成越来越多高品质的无公害及绿色食品基地，让早春蔬菜品牌越来越响。

（2）特色水果

攀枝花市水果多达数十种，以晚熟杧果、冬春枇杷等深受消费者欢迎的名优果品为代表。攀枝花市杧果具有十分明显的产品及市场优势，应重点发展。根据攀枝花市的气候资源条件，杧果适宜在海拔1500 m以下的河谷区种植。在该区域内，以基地建设为主，继续扩大杧果基地的建设规模，并发挥其辐射带动作用。杧果的产量和品质与品种的引进选育及品种搭配密切相关。

枇杷味道鲜美，营养丰富，有很高的保健价值。攀枝花枇杷果实在12月至第二年3月期间成熟，比四川盆地和浙江产区早3~5个月，比福建产区早1个月以上，具有极强的市场竞争力。目前，攀枝花市的枇杷种植还未形成规模，因此，要在海拔1300~1650 m适宜种植枇杷的区域逐渐扩大枇杷的种植面积。同时，加强科技投入提高单产，为枇杷种植的规模化和集约化发展奠定基础。

（3）优质烤烟

烤烟是受国家政策"双控"的一个特殊农产品。攀枝花市地处云贵高原，光照充足，气候温和，无霜期长，雨量充沛，干湿季分明，90%的降雨量集中在6~10月。尤其是烤烟生产大田期的5~9月，日照时数长，降雨量集中。

（4）生物医药

随着人们生活水平的不断提高和技术进步，中草药在医疗、保健方面的需求量越来越大，对中草药的品质要求也越来越高。攀枝花市生物资源繁多，分布广，从低海拔的干热河谷区到高海拔的冷湿山区均有分布，且出产的中草药产品品质很好，是四川省著名的中草药产地之一。目前，种植的中草药有1300余种，多分布在二半山区和边远高寒山区。其中优质高产的有何首乌、牛膝、重楼、白及、茯苓、龙胆、防风、杜仲、余甘子、玉竹、沉香、肉桂、益母草、续断、黄精、三七等。在已有丰富的中草药种植品种基础上，适时引进国内外名优中草药品种进行栽培研究，以及研究其他相关中草药的人工栽培技术，使其能规模生产，达到既能保护生态，又能使农民增收的目的，发展成为攀枝花新的经济增长点。

（5）特色观光休闲农业

攀枝花市正在倾力打造现代特色农业基地，有果园、山药园、花椒园和花卉苗木园等，发展观光休闲农业前景广阔。不少果园建在坡地上，山坡上种植果树，山坡下鱼塘养鱼，可打造集垂钓、采摘、休闲观光于一体的旅游中心。攀枝花市常年阳光明媚，光热充足，适宜多种花卉、开花树木的生长，蝴蝶兰、三角梅、攀枝花树、凤凰树等是其中的典型代表，以这些花卉、树木为依托，建设休闲主题花卉公园等。以各种水果、花卉等为媒介，举办各种农业节庆活动。

二、攀枝花钢铁钒钛工业

（一）铁矿资源

我国铁矿资源储量主要集中于辽东—吉南铁矿成矿带、康滇(攀西–滇中)铁矿成矿带、冀东—辽西铁矿成矿带、鲁西—胶东铁矿成矿带、舞阳—霍邱铁矿成矿带、长江中下游铁矿成矿带、西南—西天山铁矿成矿带,构成铁矿重点矿集区,是资源潜力最大矿集区。攀枝花属康滇铁矿成矿带,铁矿资源丰富。

攀枝花市共发现铁矿产地18处,首屈一指的是钒钛磁铁矿,其他还有磁铁矿,赤铁矿、菱铁矿。钒钛磁铁矿得天独厚,举世瞩目,储量大,分布集中,伴生组分丰富,开采条件好。攀枝花钒钛磁铁矿矿床位置属仁和区银江乡及市东区所辖,地理坐标26°36′15″N~26°37′15″N,101°45′45″E~101°47′08″E。矿体长19 km,宽约2 km,面积约40 km²。地质勘测表明,钒钛磁铁矿储量达100亿吨,占全国铁矿储量的20%,钛资源储量8.7×10⁹t,占全国钛资源储量的90.5%,占世界钛储量的35.2%。

四大矿区中,攀枝花矿区矿石中的化学组元及含量(表9-2),与太和矿同属高钛高铁矿石;白马矿是高铁低钛型矿石(表9-3);红格矿属低铁高钛型矿石,矿石中含镍量比较高(表9-4)。攀枝花、白马、太和三矿区矿石化学组元基本相同,只是含量有所变化。随矿石中铁品位的升高,TiO_2、V_2O_5、Co和NiO的含量增加,SiO_2、Al_2O_3、CaO的含量降低;MgO的含量对于攀枝花、太和矿区,随矿石中铁品位增高而降低,但对于白马矿区则相反。

表9-2　攀枝花矿区矿石化学组元及含量

化学组元	含量/%
Fe	31~35
TiO_2	8.98~17.05
V_2O_5	0.28~0.34
Co	0.014~0.023
Ni	0.008~0.015

表9-3　白马矿区矿石化学组元及含量

化学组元	含量/%
Fe	28.99
TiO_2	5.98~8.17
V_2O_5	0.28
Co	0.016
Ni	0.025

表9-3 红格矿区矿石化学组元及含量

化学组元	含量/%
Fe	36.39
TiO$_2$	9.12~14.04
V$_2$O$_5$	0.33
Ni	0.27

攀枝花钛矿物主要是钛铁矿和钛铁晶石（2FeO·TiO$_2$），具有强磁性，呈微晶片晶，与磁铁矿致密共生，形成磁铁矿—钛铁晶石连晶（即钛磁铁矿），在磁选过程中以钛磁铁矿进入精矿，52%的钛沿烧结—高炉进入高炉渣中。这部分钛几乎没有得到任何利用，现在作为资源性废物堆存于渣场。钛铁矿是从矿物中回收钛的主要矿物，主体为粒状，其次为板状或粒状集合体，晶度较粗，主要混存于磁选尾矿，经过弱磁选—强磁选—螺旋、摇床重磁选—浮硫—干燥电选，得到钛精矿、次铁精矿和浮硫尾矿，微细粒级回收后钛选矿收率大约15%。

（二）钒钛产业

2017年，攀钢公司钒产业规模得到提升，废弃资源综合利用取得进步。在不增加生产设施的情况下整合现有产线，实现了钒产品产量增加。攀枝花钒产业秉承绿色发展理念，实施还原烟气治理改造，取得理想效果；并启动废水污泥综合利用工程建设，实现废弃资源的综合利用。全年生产氧化钒2.18×10^{4}t，同比增加3690t；生产高钒铁8664t，同比增加1593t；生产钒氮合金4839t，同比增加538t；生产钒铝合金72t，同比增加67.2t；生产粉钒54t。

2017年，攀钢生产钛白粉1.999×10^{5}t，同比增长66%；钛渣1.604×10^{5}t，同比增长20%；氯化钛白初品5924t，高钒四氯化钛1964t，经营钛精矿7.697×10^{5}t。

新能源产业的快速发展给钒电池及钒基储氢合金等能源新材料发展提供新的市场空间，钒产品发展前景非常广阔。钛主要以钛白粉和金属钛及钛合金的形式被广泛应用于国民经济的各个方面，90%的钛原料用于生产钛白粉，另有一部分钛原料用于生产海绵钛和钛材。钛白粉广泛应用于涂料、塑料、造纸、化纤、油墨、橡胶等工业。钛材特别是高档次钛材在国防军工、航空航天、电力冶金、石油化工、真空制盐、海洋工程、汽车制造、生物工程、地热工程以及体育休闲旅游等领域广泛应用。随着经济的增长，对钛产品的需求会逐步增长，钛产品市场空间将会有较大增加。

三、攀枝花三线博物馆

三线建设是20世纪60年代中期我国生产力布局的一次由东向西转移的战略大调整，

建设的重点在西南、西北。毛主席亲自把中国划分为一线、二线、三线。从黑龙江到广西沿海各省、市、区是一线，一线就是前线。西南三省，西北除新疆、内蒙古部分地区外大部分地区，湘西、鄂西、豫西、山西等地区是三线，中间地带是二线。三线又称大三线，这是因为沿海各省在自己的省区内，也划一片地区为小三线。

（一）攀枝花中国三线建设博物馆

位于攀枝花市花城新区，占地面积约 3.94 hm²，建筑总面积 2.40 hm²，项目总投资 3.4 亿元。2010 年初，博物馆筹建工作正式启动，2015 年 3 月 3 日，在攀枝花建市 50 周年之际，博物馆正式免费对外开放。

博物馆全面展示和反映了中国三线建设的历史全貌，整个展陈由全国三线建设的历史背景、党中央的决策发动、十三省区三线建设的展开情况、三线建设推动发展的中西部城市和重点项目、三线建设的重中之重——攀枝花的开发建设、三线建设的调整改造和成就、三线建设的精神传承七大部分组成，其中，全国三线建设和攀枝花建设的内容所占比例为 7∶3。

攀枝花地区三线建设成为全国三线建设的核心部分之一，一是由于全国三线建设的大背景；二是与近代以来对攀枝花地区开发密切相关。

（二）三线建设的背景

1.“备战”是三线建设决策的根本原因

进入 20 世纪 60 年代尤其是 60 年代中期，在美国对华政策、中苏关系、美苏关系乃至国际形势都发生了不利于中国方面的情势下，中国面临着更加严峻的外敌入侵的潜在威胁。

从当时的国内情况看，各项国防建设严重不足，存在着不利于备战的诸多因素与隐患。国家经济建设在如何防备敌人突然袭击方面存在很多问题，有些情况还相当严重。

因此，联系到中国的实情，一旦发生对外战争，没有强大的后方工业基地是不可想象的。“备战”成为三线建设的根本原因。

2.调整沿海和内地的工业布局是三线建设决策的重要原因

由于历史原因，我国经济发展不平衡，工业布局严重不合理，新中国成立之初我国工业的 70% 集中于东南沿海一带，而广大的西南、西北内陆地区的近代工业则十分薄弱。为了改变新中国畸形的生产力布局，中共中央决定推行区域均衡发展战略，工业建设重点也由沿海转向内地。

三线建设力图把加强备战与改善不合理的工业布局有机地结合起来。

3.高度集中的计划经济体制和优先发展重工业的指导方针是三线建设决策的重要保障

1949年以后,我国建立了高度集中的计划经济体制,并在工业发展战略上确立了优先发展重工业的指导方针,为三线建设所需庞大的人力、物力、财力提供了强有力的保障。

(三)三线建设阶段

1.1964—1966年的第一次建设高潮

攀枝花地区三线建设具体实施过程:一是完成了一场以通路、通水、通电和住房建设为中心的"三通一住"歼灭战,为攀枝花工业基地大规模的建设创造条件;二是开始了攀枝花工业基地主体工程建设。

攀枝花地区三线建设初期取得的巨大成就:1965年以一年的时间完成了原定三年的基地建设各项准备工作。1966年完成投资2.6亿元,超过国家年初计划30%。以主攻两矿(铁矿、煤矿)确保两厂(电厂、水泥厂)狠抓运输作为全年建设中心的各项工程进展都很快。

2.1967—1968年"文革"中的建设停滞时期

3.1969—1974年的第二次建设高潮

(四)三线建设与攀枝花城市的形成

攀枝花是我国所有城市中唯一一个以花命名的城市。攀枝花因矿产资源兴城、建城,通过几十年来的建设与发展,已经成为我国重要的能源、原材料、钢铁生产基地之一,也是我国最为重要的钒钛基地,被称为"百里钢城"。可以说,攀枝花是我国西部工业,甚至是全国工业城市中的璀璨明珠。

1.城市形成初期(1965—1970年)

攀枝花于1965年建制设市,全市建设思路主要是依托资源优势,形成工业布局,生产资源初级产品,满足战备需要。从1965—1970年这一建设时期,根据三线建设的方针指导,在攀枝花市,由国家投资,大力发展重工业产业,全力打造冶金、能源、化工和机械基地,并重点投资于北部和西部资源较为富饶的地区。这一时期,北部和西部地区城市发展步伐加快,成为全市发展的核心区域。本着"先生产,后生活"的原则,为了加快攀枝花市全国重点大型工业基地的建设,特别是钢铁生产基地的建设,人力、物力、财力等各项资源大量集中于此,使原本毫无开发的山地荒野成长为一个初具规模的全国重要钢城。总的来说,这一时期,攀枝花这一城市实体还没有成形,主要建设集中于矿产资源丰富的城市腹地。

2.大规模建设时期(1970—1978年)

在前一建设时期的基础上,为了加快经济的发展,攀枝花进入了大规模建设时期。这一时期,成昆铁路在攀枝花全线开通、攀枝花钢铁公司一号高炉顺利出铁对攀枝花城市经济建设具有非凡的意义,成为攀枝花城市建设、功能完善的开端。在这一时期,三线建设的重要地位已经大幅度减弱,发展重点转变为社会主义现代化建设。在原有工业的基础上,进一步挖掘资源优势、产品生产的广度和深度成为经济发展的重点。与此同时,城市建设的地位得到大幅度提升,第一产业和第三产业逐渐兴起,城市功能建设逐步得到关注。总而言之,这一时期,攀枝花以工业为主导,沿河、沿山建设布局,形成轴向发展,主河道成为城市发展的核心轴线。另外,全国性资源基地的地位得到巩固,钢铁、能源和钒钛的开采利用有所扩大,新型工业城市已经初见规模。总的来说,这一时期,攀枝花这一城市实体建设以东区为核心,城市人口规模扩大趋势明显,核心片区已经开始显露出其集聚作用,城市功能仍主要服务于城市腹地的资源型产业,基础设施,尤其是交通设施的建设处于起步阶段。

3.高速发展阶段(1979年至今)

在上一时期建设的基础上,这一阶段,攀枝花不断发展壮大,尤其是进入新世纪后,发展步伐明显加快。在良好的工业基础上,攀枝花从一个落后山村初步发展成为以东区、西区、仁和区为核心的现代新型工业城市,逐步实现城市等级和功能的提升。在这一时期,发展的主要成就包括:城市人口规模不断扩大,达到大城市等级;城市功能不断完善,成为攀西经济区、川西南和滇北地区的中心城市,对区域内其他地区发挥着带动、辐射和集聚的作用;交通网络不断完善,除成昆铁路外,民用航空机场以及高速公路已经建成使用,在一定程度上解决了攀枝花地形复杂、交通不便的问题,逐渐形成综合、立体、高速、网络化的交通模式;交通网络为城市发展开拓了空间,形成了东西、南北呈"丁"字形的发展轴,同时也加强了市内不同区域之间的紧密程度,整合空间,逐渐形成联动发展的趋势。总的来说,这一时期,攀枝花这一城市主体确立了以东区、西区和仁和区为核心的市辖区,在城市经济建设方面,第二产业地位有所弱化,在城区内,新兴产业展现出迅猛的发展势头,成为带动市辖区经济增长的又一亮点;在城市功能方面,除了经济功能外,城市内涵得到深度挖掘,在市辖区内不断完善生活、文化、娱乐、便民等城市功能。

思考题

1.探究攀枝花资源型城市如何进行转型。

2.分析攀枝花立体农业未来的发展方向。

3.试述钒钛资源之都如何转变为钒钛产业、钒钛经济之都。

参考文献

[1]攀枝花市人民政府.攀枝花2018年统计年鉴[EB/OL].http://www.panzhihua.gov.cn/zjp-zh/pzhnj/2018nj/1116368.shtml#kv.2019-6-12.

[2]张鸿春.攀枝花100问[M].成都:四川人民出版社,2013.

[3]马玉孝,刘家铎,王洪峰,等.攀枝花地质[M].成都:四川科学技术出版社,2001.

[4]高扬文.三线建设回顾[J].百年潮,2006(06):42-49.

[5]攀枝花中国三线建设博物馆.攀枝花中国三线建设博物馆简介[EB/OL].http://www.sxjsbwg.org.cn/bwggk/bwgjj/index.shtml.2019-6-12.

[6]向东.20世纪六七十年代攀枝花地区三线建设述论[D].成都:四川师范大学,2010.

[7]王雅明.攀枝花市构建百万人口特大城市的思路与对策研究[D].成都:西南交通大学,2012.

[8]明庆忠.纵向岭谷北部三江并流区河谷地貌发育及其环境效应研究[D].兰州:兰州大学,2006.

[9]何永彬,卢培泽,朱彤.横断山一云南高原干热河谷形成原因研究[J].资源科学,2000,5(22):69-72.

[10]明庆忠,史正涛.三江并流区干热河谷成因新探析[J]中国沙漠,2007,27(1):99-104.

[11]费事民.川西南山地生态脆弱区森林植被恢复机理研究[D].北京:中国林业科学研究院,2004,21-23.

[12]李强.金沙江干热河谷生态环境特征与植被恢复关键技术研究[D].西安:西安理工大学,2008.

[13]孙亚明.攀枝花市立体农业发展研究[J].中国农业资源与区划,2013,34(06):145-149.

[14]林东燕.闽西南地区晚古生代—三叠纪构造演化与铁多金属矿成矿规律研究[D].北京:中国地质大学(北京),2011.

[15]罗小军.攀枝花钒钛磁铁矿矿床韵律层特征及其研究意义[D].成都:成都理工大学,2003.

[16]廖荣华,杨保祥.攀枝花钛资源利用现状及开发策略[J].中国有色金属,2010(16):27-28.

[17]张旭辉,蔡洪文,杨永攀.钒钛资源型产业集群形成机理研究——以攀枝花钒钛产业集群为例[J].开发研究,2011(06):125-128.

第十章　峨眉山实习区

第一节　峨眉山实习区概况

1.峨眉山地区自然经济特征

峨眉山地区位于四川省西南部峨边县以北、夹江县以南、乐山市区以西、洪雅县及金口河区以东,距峨眉山市区(县级市)西南7 km、乐山市区东37 km处。

成都至峨眉山地区交通便利。峨眉山风景区离成都双流国际机场约120 km;成昆铁路经停峨眉站;可从成都上成雅高速到成乐高速直达乐山,经乐峨快速通道至峨眉山;也可在成乐高速公路夹江出口下高速,经夹峨路至峨眉山;还可乘船沿长江而上到乐山市再进入峨眉山。峨眉山地区交通发达,公路密如蛛网,各实习场所均有公路通行,往来十分方便。

峨眉山地区行政区划属于乐山市峨眉山市管辖。峨眉山市(城区中心坐标29°36′N,103°29′E)总面积1181 km²,下辖12镇6乡245个行政村。2018年总人口约42.9万,其中非农业人口约20万,农业人口约22.9万,以汉族为主。区内人口分布不均,主要集中于峨眉山平原和公路干线两侧,其次为海拔高度小于1000 m的低山区,高于1000 m的高山区人口稀少,局部为无人区。

区内以农业为主要产业,主产稻谷、玉米、小麦、豆类,经济作物有茶叶以及天麻、黄连、峨参、峨七等名贵药材。平原地区盛产稻谷、小麦、油菜、甘蔗及白蜡,山区种植玉米、土豆、红薯、茶叶、果木以及中药材。该区地方工业有水泥、采煤、采矿、化肥、冶金及轻工业等,第三产业以旅游业为主,并带动了相关产业的发展。

2.峨眉山地理位置

陡然屹立于四川盆地西南缘的峨眉山坐西向东,呈南北走向,介于29°16′N~29°43′N,103°10′E~103°37′E之间,为邛崃山南段余脉。自峨眉平原拔地而起,山体南北延伸,绵延23 km,面积约154 km²,主要由大峨山、二峨山、三峨山、四峨山4座山峰组成。人们所说的峨眉山通常是指其中最高大、最秀丽的大峨山。

3.峨眉山地质特征

峨眉山处于我国地势一、二级阶梯的过渡地带,最高峰万佛顶海拔3099 m,高出峨眉平原2700 m。峨眉山为典型的褶皱断块山,山体受构造控制,南北走向,山形巍峨雄伟,山体切割破碎。山体中、下部分布着花岗岩、变质岩及石灰岩,山顶部盖有玄武岩。

4.峨眉山气候特征

峨眉山地处中亚热带季风气候区,多雨、多雾、少日照,常年笼罩在烟云雾霭之中。因海拔较高且陡峭,气候带垂直分布明显。海拔1500~2100 m属暖温带气候,海拔2100~2500 m属中温带气候,海拔2500 m以上属亚寒带气候。海拔2000 m以上约有半年时间为冰雪覆盖,一般是10月~次年4月。在气候垂直分异驱动下,峨眉山呈现植被、土壤垂直分异。

5.峨眉山生物资源

峨眉山处于多种自然要素的交汇地区,区系成分复杂,生物种类丰富,特有物种繁多,保存有完整的亚热带植被体系。有植物3200多种,约占中国植物物种总数的1/10。峨眉山还是多种稀有动物的栖居地,动物种类达2300多种。山路沿途有较多猴群,常结队向游人讨食,为该山一大特色。

6.峨眉山旅游资源

千百年来峨眉山就以它秀丽的风姿和古老的佛教圣迹享誉中外,它是著名的佛教名山和旅游胜地,有"峨眉天下秀"之称。它是中国"四大佛教名山"之一,宗教文化特别是佛教文化构成了峨眉山历史文化主体,所有的建筑、造像、法器及礼仪、音乐、绘画等都展示出佛教文化的浓郁气息。山上多古迹、寺庙,有报国寺、伏虎寺、洗象池、龙门洞、舍身崖、峨眉佛光等,是中国著名的旅游、休养、避暑目的地之一。

1996年12月6日,峨眉山—乐山大佛作为世界文化与自然双重遗产被联合国教科文组织列入世界遗产名录。

第二节　实习内容

一、地质地貌

(一)峨眉山地质

　　峨眉山地处扬子板块西缘,按大地构造属性划分,归属为上扬子陆块川中前陆盆地,为典型的断块山。以北东走向的峨眉山断层、北西走向的丰都庙断层为界,将峨眉山地区分为3个一级断块,西侧为峨眉山断块,南东侧为二峨山断块,东侧为峨眉平原断块。峨眉山断块整体是一个大背斜—峨眉山背斜,轴向走向近南北,核部在张沟—洪椿坪一带,出露震旦系地层及晋宁期花岗岩。峨眉山背斜受到后期的改造,形成三侧由断层围限的钝锥形断块山,北侧以左旋走滑断层麻坝子—万年寺—大峨山断层为界,南侧以右旋走滑—峨眉山断层为界,东侧以报国寺—伏虎寺逆冲断层系列为界。从断层与地层的穿切关系来看,这一系列断层均切割白垩系,属于新生代活动断层。

　　震旦纪以来,峨眉山地区除了缺失中、晚奥陶世、志留纪、石炭纪沉积外,其余各时代地层均有沉积。峨眉山地区基底底部是一套酸性的侵入岩,基底之上为峨边群一套浅变质岩和砂岩的组合,其中含少量基性火山岩和火山碎屑岩。震旦系开始至中三叠世,经历了在原特提斯、古特提斯洋、特提斯洋中由南向北旋转性漂移过程中与相邻陆块(华夏陆块、华北陆块、印支陆块等)在不同时期差异性作用的发展演化史,沉积建造以海相碳酸盐岩沉积为主。晚三叠世开始,受印支运动影响,海水退出中上扬子,处于区域挤压环境,盆地性质与演化发生了强烈变化,发生华北、羌塘、松潘—甘孜及兰坪—思茅等地块与扬子地块的碰撞,沉积建造也由开阔海洋碳酸盐岩台地、半局限台地、半封闭海湾高盐湖相向陆相碎屑岩含煤岩系变化过渡。从晚三叠世晚期、早侏罗世早期开始,中、上扬子地区受太平洋板块和印支板块向中国板块斜向俯冲的影响,进入陆湖盆沉积阶段,并在侏罗纪时形成内陆大型坳陷湖盆。而在白垩纪燕山运动晚期,构造作用加强,发育压陷盆地。这一时期主要为一套陆缘碎屑岩沉积。自古近纪以来,受青藏高原与亚欧大陆碰撞的影响,研究区发生大规模的隆升,地层遭受剥蚀改造,仅在平原地区沉积砂砾岩。

1.地层

　　峨眉山地区的地层除志留系、泥盆系和石炭系完全缺失外,从中元古界至第四系均有出露。其中除中元古界浅变质岩、南华系下部、上二叠统下部为火山岩外,其余均由碳酸盐岩、陆源碎屑岩组成,总计厚度约7000 m。中元古界、南华系出露于大瓦山断块金口河一带,震旦系—下奥陶统主要出露于洪椿坪—雷洞坪与大峨寺—张山一带,呈对称分布。中二叠统—三叠系在洪椿坪、张沟一线也呈对称出露,但东侧龙门硐一带大都倒转。侏罗系—上新统分布于峨眉低山—平原过渡地带,第四系主要见于峨眉平原。

2.地质构造

(1)地质演化历史

峨眉山可追溯的构造历史远至中、新元古代的晋宁运动,表现为强烈的褶皱造山运动,以峨边群为代表的基底地层发生区域变质作用和强烈的褶皱,伴随着酸性岩浆活动—峨眉山花岗岩(绝对年龄8.2亿年)的形成,构成了峨眉山的"基石"。当下南华统苏雄组陆缘裂谷火山岩、下震旦统观音崖组潮坪相石英砂岩、碳酸盐岩沉积在下伏峨眉山花岗岩之上时,构成了本区第一个角度不整合接触关系。自震旦纪晚期直到古近纪始新世长达5亿~6亿年的漫长时间中,各时代地层均以整合或平行不整合接触。早古生代期间的加里东运动记录了海平面的升降,二叠纪中期海西运动(即东吴运动)伴随扬子陆块的裂解与峨眉地幔柱的活动,广泛的玄武岩浆喷发,也造成本区上地壳发生明显的水平缩短变形,并持续到广泛见于龙门山、松潘—甘孜以及三江地区的印支运动及燕山运动期间。

第二次造山运动出现在新生代中晚期,表现为上新统凉水井组与下伏地层产状的不协调(第二个角度不整合面)或断层接触,表明本区大规模褶皱变形开始于古近纪结束沉积之后、上新世沉积开始之前。

第三次造山运动出现在第四纪期间,近于水平的中更新统角度不整合于产状近于直立的上新统凉水井组之上,形成本区的第三个角度不整合面,这暗示了中更新世以来至今,峨眉山地区的构造变形仍在继续,只是强度明显降低了。因此,实习区的褶皱变形和逆断层发生在新生代期间,也就是喜马拉雅运动期间,尤其以上新世以来最为剧烈。

峨眉山位于扬子陆块西部、四川断块西南缘、峨眉—瓦山断块带的峨眉山断块体内,该断块体由北西向的荥经—马边—盐津断裂带、北东向的峨眉—美姑断裂带及近南北向的柳江断裂所控制。两大断裂带分别为峨眉—瓦山断块带的北、东边界,并造成峨眉山块断体在平面上呈现西部宽东部窄的楔状,其楔尖向北东偏转。峨眉山主体沿这两条断裂带由南西向北东挤压、走滑及冲断,形成一系列南北向排列的褶皱和断裂,如苦蒿坪向斜、峨眉山背斜、初殿断层、伏虎寺断层等。在楔尖位置,即峨眉山背斜北东翼上,则形成次级的北西—南东向的褶皱与断裂构造,并导致部分地层发生倒转。具体构造见图10-5。

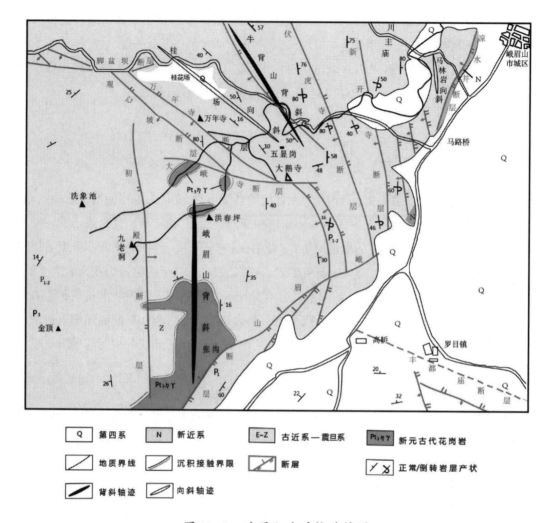

图 10-5　峨眉山地质构造简图

（2）地质构造特征

峨眉山背斜 是本区规模最大的主干构造，出露面积约100 km²，轴向近南北。核部位于张沟—洪椿坪一线，出露新元古代峨眉山花岗岩。两翼依次分布震旦系、寒武系、奥陶系、二叠系和三叠系。西翼岩层产状正常、倾角较平缓，金顶一带玄武岩倾角仅15°~20°；东翼发育次级褶皱，岩层倾角较陡，在新开寺及其以东，二叠系及三叠系渐变为倒转。枢纽近水平，为一规模较大的复背斜。该背斜南端被北东向峨眉山断层切断，北端被观心坡断层和大峨寺断层切断，形成西翼南北延伸约20 km，东翼仅4 km的背斜残体。

桂花场向斜 属峨眉山背斜北东翼次级褶皱构造，北起砚台山，经桂花场、木鱼山，南至纯阳殿。该向斜轴向北西—南东，延长12 km以上。向斜北西段较宽，南东段较窄。木鱼山一线核部地层为下三叠统飞仙关组，两翼分别为下三叠统东川组、上二叠统宣威组、峨眉山玄武岩组、中二叠统茅口组。南西翼倾角较缓，仅10°~20°；北东翼较陡，达20°~60°。枢纽分别向北西和南东扬起，为斜歪向斜。

尖尖石—牛背山背斜 位于桂花场向斜北东侧,也属峨眉山背斜的次级褶皱构造。该背斜北段轴向为北东—南西,中段两河口—龙门硐轴向转为北西—南东,南至慧灯寺,长约27km。核部地层为中二叠统,两翼分别依次为上二叠统、三叠系、侏罗系。南西翼产状正常,倾角中等;北东翼北段地层正常,中、南段地层倒转,倾角较陡;枢纽扭曲,分别向北东和南东倾伏,南段倾伏角较大,为斜歪倾伏背斜。

二峨山背斜 位于二峨山主脉东南侧,轴向北东—南西;核部地层为寒武系,两翼依次为奥陶系、二叠系、三叠系,大体对称,倾角较陡,轴面近直立,枢纽向北东倾伏。该背斜在北西翼发育次级褶皱和断层。

峨眉山断层 区域上属峨眉—美姑断裂带北东段,沿胡村、张沟、龙池一线展布,北段受第四系掩盖而断续出露,是本区主要边界断层之一,对本区构造单元的划分、地貌特征及区域稳定性起着重要的控制作用。该断层同时具有逆冲和走滑性质,断层走向为北东—南西向,断面倾向北西,倾角50°~70°。中段斜切峨眉山背斜,致使张沟一带的新元古代峨眉山花岗岩逆冲到二叠系、三叠系之上,最大地层断距达3500 m;下盘地层局部倒转。

尖山子—哨楼口—麻子坝—万年寺—九里断裂带属荥经—马边—盐津(活动)断裂带北西段,总体走向为北西—南东向,局部转为北东东—南西西或近东西向。断层同时具有逆冲和走滑性质,并有多期次及晚近活动的特征,与峨眉山断层共同控制了峨眉山的构造格局。实习区内的万年寺断层、观心坡断层和大峨寺断层等均属该断裂带的次级断裂带。

综上所述,峨眉山地区构造线方向有南北向(如峨眉山背斜)、北东向(如峨眉山断层)、北西向(如观心坡断层)、近东西向(如大峨寺断层)。主干构造—峨眉山背斜的南北两端分别被峨眉山断层和观心坡断层、大峨寺断层切断;而丰都庙断层(九里断裂的次级断裂)的北段又从二峨山北端通过,把本区分割成明显的三个(次级)断块:即西部的大峨山断块、南部的二峨山断块、东部的峨眉冲洪积平原菱形断块。

峨眉山断层以西的广大高、中山地区有深切峡谷、深切河曲、悬挂的喀斯特泉,与相邻断块地区比较,有同级阶地相对高程大、崩滑现象显著等特征,显示新构造运动期以上升运动为主,且幅度较大。二峨山断块区构造运动上升幅度相对较小。而峨眉平原断块则相对下降,沉积了新近纪以来各个地质时期的冲积、洪积层,厚度在130 m以上。

(二)峨眉山地貌

峨眉山的地貌类型主要有以下几种。

1.堆积地貌

峨眉平原在构造上是断裂沉陷带,峨眉断块山上升,侵蚀作用强烈,为峨眉平原的堆积提供了物质来源。据地质考察证明,在沉积基底上堆积了古近纪—新近纪以来各时代的河湖相地层达300余米。峨眉平原面积约200 km²,海拔400~490 m。大致以峨眉河为界,北面主要由峨眉河及其支流双福河、粗石河冲积而成近代冲积平原,南面则为不同时代的洪—冲积扇堆积,以及冰水堆积而成。

洪—冲积扇分布在峨眉山、二峨山山前地带,它们的大小和形成时期各不相同。其中,面积最大、保存最完整的是由张沟、柳溪河等冲积而成的高桥洪—冲积扇。扇顶位于高桥,相对高度30 m,以3%~3.5%的坡度向东北方向倾斜,至鞠槽、青龙场一线相对高度为17 m,坡度减为0.5%~1%。高桥洪—冲积扇除西北侧被临江河左河床切割外,其余扇面保存较好,多已开垦成为农田。高桥洪—冲积扇从张沟出口自高桥附近,有黄色黏土及砾石层组成,厚度约20 m,砾石大小混杂,分选性差,大者直径可达2~3 m,以花岗岩、玄武岩居多,扇面上还点缀着侏罗纪砂页岩构成的残丘,相对高度10~15 m。

在山丘地带,如报国寺等处,还分布有范围不大、坡度大、物质来源近、堆积厚度不大的洪积扇(冲出锥)。受新构造运动影响,常以不对称垒叠式洪积扇出现。新扇位于老扇北侧,以涧曹沟洪积扇最为典型。

2.侵蚀—堆积地貌

河漫滩:分布在近代河流两岸,由砂、砾石组成,一般高出枯水位2 m。

Ⅰ级阶地:分布在峨眉河、临江河等现代河流两岸,平原区以上叠阶地为主,山地则为基座阶地,相对高度2~10 m。

Ⅱ级阶地:见于峨眉河张坝、王田坝等地,为基座阶地。受现代流水切割,多呈现垄岗状分布。

Ⅲ、Ⅳ级阶地:基座阶地,由棕红色、黄褐色黏土及砾石组成,黏土及砾石据认为是雅安期冰水堆积,所以此阶地疑为冰水阶地。现已呈小丘状。

此外,在凉水井一带,分布有古近系—新近系黏土层,铁钙质胶结的砂砾岩层。有人定为Ⅴ级阶地,相对高度90 m,受新构造运动的影响,层位已变动。

3.侵蚀—构造地貌

丘陵:主要分布在峨眉山东麓地带,由白垩系黏土构成,其形态受岩性影响多呈浑圆状,丘陵平缓,丘间沟谷发育。海拔500~600 m,相对高度50~100 m。

低山:分布在二峨山前缘及峨眉山北段,二峨山前缘低山由三叠系须家河组砂质岩构成,多为单斜山岭。海拔500~1000 m,相对高度100~300 m。

中山:分布在报国寺以西,为峨眉山主脉,山势雄伟,大致呈南北向。海拔大于1000 m,相对高度大于500 m,主峰万佛顶高达3099 m。由于新构造运动,峨眉山迅速上升,流水侵蚀强烈,所以沟谷极为发育,多呈"V"形,上多悬崖峭壁。

4.侵蚀—溶蚀地貌

侵蚀—溶蚀中山分布在二峨山断层以南,为二峨山主体,海拔800~1200 m,主峰2037 m。山脊圆滑,呈峰丛状,基岩裸露。

在二叠系、三叠系灰岩出露地区,岩溶地貌发育,主要有下列一些地貌形态。

石芽与溶沟:主要分布在分水岭地带,石芽一般不高,仅几十厘米。溶沟最深可达3 m,宽数十厘米至五米,有些溶洞被黄色粘土填充,上有植被。

落水洞:直径一般十多米,周围多被植物覆盖,深数十米,不低于10 m,常与水平溶洞相连,多为蝶形洼地的排水通道。

溶蚀洼地:主要在柳溪河沿岸,以林岩寺洼地最大,面积约为2 km²,低平宽坦,已垦为水田。

溶洞:区内溶洞发育良好,有八仙洞、鱼子洞、老虎洞、紫蓝洞等10余个。其中八仙洞在柳溪河右岸,海拔570 m,相对高度30 m,人可通行,洞内石钟乳发育。

二、气候特征

(一)峨眉山气候概况

峨眉山基带属于中亚热带季风型湿润气候。山前平原海拔447 m,有冬暖夏凉、四季分明、降水充沛、空气湿润、日照极少、风力微弱、雾很少的特点。山顶海拔高度达3060 m,气候迥异,属山地寒温带湿润气候。具有冬季严寒、严冬时间长,降水量甚多、终年潮湿多雾、日照较多,风力强劲等特点,山顶山麓气候悬殊,可由表10-1看出。

表10-1 峨眉山顶与山麓气候要素对照表

地点	海拔/m	年平均气温/℃	七月平均气温/℃	一月平均气温/℃	≥10 ℃的积温/℃	年平均降水量/mm	降水日数/d	相对湿度/%	绝对湿度/hpa	全年平均雾日/d	日照时数/h	年平均风速/(m/s)
金顶站(山顶)	3047	3.1	11.9	-6.1	560	1959.8	263.5	86	7.2	322.1	1398.1	3.2
峨眉站(山麓)	447	17.2	26.3	7.0	5490	1593.3	152.5	80	16.7	95	657.1	1.0

(二)峨眉山气温特征

峨眉山的气温随着海拔增加而递减,年平均垂直气温递减率是:海拔每升高100 m,气温降低0.5 ℃~0.6℃。

如以一月和七月分别代表冬、夏二季,峨眉山冬、夏两季气温随高度变化如表10-2。

表10-2　峨眉山气温的垂直变化

海拔/m	500	1000	1500	2000	2500	3000
一月气温/℃	7.1	4.4	1.7	−1.0	−3.7	−5.9
七月气温/℃	26.3	23.6	20.9	18.2	15.5	12.0

峨眉山地区气温直减率的变化如表10-3。

表10-3　峨眉山麓—山顶气温直减率年变化

月、年	1	2	3	4	5	6	7	8	9	10	11	12	年均
气温直减率（℃/100 m）	0.511	0.531	0.558	0.565	0.604	0.596	0.554	0.562	0.543	0.529	0.547	0.485	0.550

由表10-3可见,盆周山脉的屏障使其年变化幅度大为减小,季节变化不明显,一般在0.55上下摆动。结合表10-2可看出气温直减率随海拔高度的增加而增大。

(三)峨眉山降水特征

1.降水量多,但年平均变率小

峨眉山的年平均降水量为1959.8 mm,多雨年可达2500.1 mm,少雨年也有1536.8 mm,比山下的峨眉市及乐山市要多350~550 mm,比素以"天漏"著称的雅安要多150 mm以上。与国内有名的几座高山(华山、泰山、庐山、黄山)相比,仅少于黄山(2339.4 mm),比其余的几座高山都多。

峨眉山全年降水量8月最多(43%),7月次之(38 %),1月最少。降水量的四季分配夏季最多(58%),秋季次之(24%),春季又次之(18%),冬季最少(3%)。

峨眉山由于常年多雨,因此降雨量的离差系数不大,为0.11%,比乐山市0.12%、峨眉山市0.15%、雅安0.13%、成都0.16%都小。

2.降水日数之多为全国少见

峨眉山的年平均降水日数为264.0天,比山下的峨眉市多76.8天,比乐山多88.4天,比雅安多44.6天,比"天无三日晴"的贵阳多85.6天,比黄山(年平均降水量多于峨眉山)多

82.1天。峨眉山在多雨的年份降水日数可达291天(占全年80%),降水日数少的年份也有200天,最长连续降水可达31天。这样多的雨日和这样多的连续降水日数在全国实属少见。

3.降水强度比山下及附近地区小

峨眉山降水强度比山下及附近地区小,除≥50 mm的暴雨日略多于峨眉市、乐山、雅安外,≥100 mm与150 mm的大暴雨日都比上述地点少。

4.峨眉山顶与山麓的降水差异

峨眉山的降水过程一般是从海拔2100~2500 m附近开始,向上延及山顶,再及山下。降水终止时多数是山下先终止,然后山上,再次是山腰。由于降水受海拔的影响,故山顶、山腰、山麓的降水量、降水日数有差异。

峨眉山东坡迎东南风而立,气流受限抬升,凝云致雨。一般说来,随着海拔的上升,降水量增多。如万年寺(海拔1020 m)年降水量1700 mm,华严顶(海拔2000 m)年降水量1900 mm,洗象池(海拔2070 m)年降水量2000 mm,接引殿(海拔2540 m)年降水量2200 mm。

在海拔2100~2500 m的山腰一带,具有降水时间特长、降水量最多的特征,这叫作"最大降水高度带"。这个高度带反映出森林茂密、潮湿多雨的特点。当海拔继续上升时,降水量反而减小,所以峨眉山顶并非雨量最多之处。

5.峨眉与附近地区降水的差异

过去有人认为峨眉山的降水量是"自成体系",与附近地区无关。但逐日降水资料表明:乐山、峨眉山市、峨眉山、雅安等地降水的日期是一致的,仅降水的开始与终止时间有先后。这种地区差异,在同一天气系统的影响而发生降水的时候是普遍存在的,并非峨眉山区独有。

三、土壤特征

峨眉山地区土壤垂直地带性分布规律十分显著,基带土壤为山区中亚热带常绿阔叶林下的山地黄壤,分布在万年寺以下,海拔1600~1700 m以下的低中山区。根据土壤剖面性状的差异分为粗骨性黄壤、生草黄壤和典型黄壤三个亚类。

由基带往上至中山深切割区,由于海拔高度的急剧增高,土壤水热状况重新分配,因此生物、气候环境因子发生明显的垂直分异,从而亦导致了土壤类型显著的垂直更替。峨眉山地带性土壤垂直带谱如图10-6。

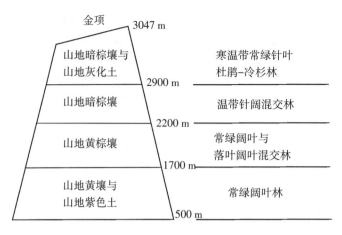

图10-6　峨眉山地带性土壤垂直带谱图

　　峨眉山区土壤分布不仅具有明显的垂直地带性规律,而且还具有鲜明的区域性(或隐域性)规律。在低山区,由于中生代紫色岩系的分布,母质深刻地影响着土壤发育,形成各种紫色土。在碳酸盐岩分布区的残积母质和坡积母质上,发育着各种石灰土。这些土壤是在同一土带内,由于成土母质的差异影响出现的山区隐域性土壤。

　　土壤性状是土壤形成过程的综合表现。峨眉山土壤的形成过程具有以下几个共同特点:

　　(1)淋溶作用十分强烈。

　　峨眉山区降水充足,年降水量大于年蒸发量,土壤溶液以下行为主,造成土壤物质的淋溶。这在山地黄壤、山地黄棕壤、山地暗棕壤及山地灰化土中均十分明显。

　　(2)土壤有机质含量普遍较高。

　　峨眉山各高度带的水热条件均适宜于森林植被发育,林木生长繁茂。因此,每年有大量的枯枝落叶进入土壤,使土壤中生物小循环非常旺盛,常在表层形成暗灰色的腐殖质层,有机质含量可高达12%,一般均在4%以上。

　　(3)土壤质地普遍较黏重。

　　峨眉山区气候温和湿润,降水充沛,水热同步,组合适宜,有利于矿物质在土体中的分解、迁移和转化。原生矿物转化形成次生黏土矿物过程较强,并在土体中相对聚集,使土体黏化明显。因此,土壤质地普遍都比较黏重,尤其以心土层更为黏重。

　　(4)土壤一般呈酸性反应,pH4.0~5.5。

　　森林土壤淋溶作用强烈,盐基离子大部分被淋失,有机质残体分解的有机酸又较多,所以土壤呈酸性反应。仅在山地石灰土和山地碱性紫色土中,土壤呈微碱性反应。

四、生物资源

（一）峨眉山植物资源

1.概况

峨眉山优越的自然条件，独特的地理位置，加上保存完好的森林植被，为各种植物的生存繁衍创造了良好的生态环境。在峨眉山 154 km² 的"绿岛"中，珍藏着丰富的植物物种资源，分布着高等植物 280 科、3700 余种，约占中国植物物种总数的 1/10 以上。其中包括苔藓植物 70 科、196 属、400 余种（含变种、变型等分类单位），蕨类植物 45 科、105 属、430 余种，种子植物 165 科、970 属、2870 余种。具有完整的亚热带植被类型及垂直带谱，从山麓向上依次为常绿阔叶林、落叶—常绿阔叶混交林、针阔叶混交林和暗针叶林，森林覆盖率达 87%。首批被国家列为保护植物的有珙桐、桫椤、银杏、独叶草、连香树、领春木等 31 种。第三纪以前延续下来并保持一定原始形状的古老种类如木兰、木莲、木樨、含笑、万寿竹、石楠、铁杉、五味子等是与北美相对立的间断分布类群，具有极高的科研和保护价值。

峨眉山植物不但种类丰富，而且具有较高的科研价值、观赏价值和经济价值。统计数据显示，峨眉山分布有资源植物 2000 余种，占峨眉山高等植物种类的一半以上，约占我国资源植物的 15%。其中，药用植物达 1655 余种，隶属 212 科、868 属，包括天麻、杜仲、厚朴、三七、峨参等多种名贵的药用植物资源。此外，峨眉山还是我国久负盛名的黄连之乡，具有 300 多年的栽培历史。峨眉山的野生观赏植物资源也十分丰富，如珙桐、峨眉桃叶珊瑚、川八角莲、峨眉红山茶、红花五味子及兰科、杜鹃花科和报春花科等的多种植物，均具有较高的观赏价值。峨眉山的粮、果、蔬菜及饮料用植物资源也非常丰富，其中比较典型的粮类野生植物资源有栗、锥栗、薯蓣和银杏等。果用植物资源主要包括悬钩子属、茶藨子属、蔷薇属、猕猴桃属、胡颓子属、四照花属等。峨眉山的蔬菜植物资源极为丰富，有 210 余种，分属 68 科、119 属，主要种类包括在部分蕨类、蕺菜属、蓼属、藜属、马齿苋属与十字花科、景天科、伞形科、五加科、唇形科、菊科、百合科、鸭跖草科与禾本科植物等类群中。此外，峨眉山还拥有极其丰富的芳香植物、纤维植物、油脂植物、蛋白植物、鞣质植物、淀粉植物和维生素植物等多种资源植物。

峨眉山具有非常多的珍稀濒危及国家重点保护的植物，如桫椤、珙桐、连香树、鹅掌楸、天麻等。《国家重点保护野生植物名录》（第一批）共记载峨眉山濒危维管植物 39 种，其中一类保护植物 14 种，二类保护植物 25 种。《濒危野生动植物国际贸易公约》附录二和附录三记载了峨眉山濒危植物 122 种。峨眉山受立法保护的濒危植物共有 158 种。

峨眉山有特有植物 100 余种，分别隶属于 43 科、79 属。包括苔藓植物 2 科、2 属，蕨类植物 4 科、8 属，种子植物 37 科、69 属。仅产于峨眉山或首次在峨眉山发现并以"峨眉"为词头定名的植物就达100余种,如峨眉拟单性木兰、峨眉山莓草和峨眉南星等。同时,峨眉山植物区系成分源古老,单种科属、寡种属和洲际间断分布的类群多,如著名的珙桐、桫椤、银杏、连香树、水青树、独叶草等在植物分类上都是一些孤的类群,形态上都保留了部分原始的特征。

2.特点

峨眉山植物区系复杂多样。峨眉山植物区系的复杂性反映在组成上既有中国—日本植物区系成分,又有中国—喜马拉雅植物区系成分,而且热带、亚热带植物成分与温带植物成分交汇、融合,形成奇特的自然景观。例如,热带、亚热带常绿树种栲、石栎和木荷等可上升至海拔2200 m,寒温性、温性的冷杉和铁杉等可下延至海拔1800 m,与温性的槭和桦等融为一体,形成峨眉山山地特有的、色彩斑斓的针阔混交林带。

峨眉山保存了典型的亚热带植被类型,具有原始的、完整的亚热带森林垂直带谱。峨眉山植物物种多样性造成了群落组成结构的复杂性和群落类型的多样性。峨眉山的森林植物群落具有乔木、灌木和草本等各层发达且结构完整的特点,各层种类很少由单一的优势种组成,通常为多优势种。峨眉山植物垂直分布明显,从低至高由常绿阔叶林—常绿落叶阔叶混交林—针阔叶混交林—亚高山针叶林形成了完整的森林垂直带谱,构成了生态多样的峨眉山自然景观。

峨眉山位于四川盆地西南边缘,正属雨屏区,山麓年雨量达1555.3 mm。山地最高点海拔为3099 m。由于海拔高,植被垂直分布差异明显。

对峨眉山植被垂直分布规律需说明的是,植被的垂直分布规律一般应与水平纬向分布规律相应,但在峨眉山的植被垂直分布中缺少落叶阔叶林这个带。一般在亚热带山地均有此现象,其原因是:一方面在亚热带山地一定高度上缺乏水平地带落叶阔叶林所需的气候条件,如在山地一定高度上年温差小、日温差大、夏季温度不够;另外由于山地复杂的地形,往往使喜暖的植物沿沟谷上升,耐寒的植物沿山脊下降,极易将此带叉掉。不仅如此,在洗象池上部还可看到冷杉与石栎生长在一起,而且在冷杉林下可见到樟科植物,多箭竹等,以上说明了峨眉山的植被特点反映了植被在水平地带和垂直地带的差异。

(二)峨眉山动物资源

峨眉山得天独厚的自然条件、繁茂的植物资源,为种类众多的野生动物的栖息、繁衍提供了优越的生态环境,在峨眉山如此狭窄的区域范围内就分布有野生动物2300余种。

峨眉山有兽类7目26科71种。在71种兽类中,食虫目有3科11种,翼手目3科11种,灵长目1科2种,食肉目7科19种,偶蹄目4科6种,啮齿目6科20种,兔形目2科2种。在现有已知的兽类中,属于国家一级重点保护动物的有3种,属于国家二级保护动物的有12种。

峨眉山有鸟类269种(另6亚种),隶属于15目43科,占四川鸟类种数的43.04%。

峨眉山的爬行类物种也十分丰富,有爬行纲动物2目10科40种。其中,龟鳖目2科3种,有鳞目8科37种,约占全国的10%。峨眉山爬行类动物中被列入2000年国家林业局发布的《国家保护的有益的或者有重要经济、科学研究价值的陆生野生动物名录》(简称"三有名录")有39种之多。

四川的两栖动物为全国之冠。已知峨眉山有两栖纲动物2目、7科、37种(亚种),其中有尾目2科、3种,无尾目5科、34种(亚种),其丰富繁多为全国罕见。在峨眉山已知的两栖动物中,属于国家二级保护动物的有1种。

峨眉山还有较为丰富的鱼类资源。资料显示,在峨眉山确有分布的鱼类有20种,属于目、6科、18属。根据初步统计,珍稀和特有鱼约有9种,占总种数的45.0%。

峨眉山节肢动物中,以昆虫纲鳞翅目的蝶类最为著名,有268种之多,尤以中华枯叶蝶和凤蝶最为名贵。环节动物中,峨眉山的蚯蚓种类众多,其中以峨眉山为模式产地的蚯蚓种类就达10余种。

五、景观旅游资源

(一)峨眉山旅游资源的分类

峨眉山是我国四大佛教名山之一,国家级风景名胜区,5A级旅游景区。它不仅坐拥历史悠久的报国寺、万年寺、洗象池等宝刹古寺,挽携气象万千的洪椿晓雨、象池月夜、金顶佛光等自然风光,孕育出千姿百态的奇花异草、灵猴琴蛙等珍稀动植物,而且还具有观赏及科考价值很高的地质、地貌等景观。

1.地质旅游景观

峨眉山最著名的地层景观有国际前寒武系—寒武系界线层型参考点之一的麦地坪剖面、省级重点保护的龙门硐三叠系沉积相剖面。这两个剖面层序完整,地质现象丰富,科学价值极高。峨眉山背斜及其次级的牛背山背斜、桂花场向斜,峨眉山断层、大峨寺断层、回龙山断层等构造形迹景观,还有喜马拉雅期的多次新构造运动,驱使峨眉山山体沿峨眉山断层上升,造就了峨眉山"高凌五岳"气吞山河的雄伟景观。张沟、洪椿坪等地的花岗岩以及金顶、清音阁、挖断山等处的玄武岩构成的岩浆活动景观,可领略巍峨雄伟的峨眉山坚实的基础。

2.地貌、水文旅游景观

石笋沟喀斯特峰林、九老洞、紫澜洞等岩溶地貌景观形态奇特;石钟乳、石笋、石柱等生机盎然;溶洞蜿蜒幽深,宛如迷幻的地下宫殿。河流是峨眉山地表美景的主要雕塑师之一。如传说中的普贤菩萨登山而弃的"普贤船",龙门硐峡谷、一线天峡谷形成悬崖耸峙、峡谷幽深、天仅一线的奇异景观;黄湾阶地一带则是千顷良田、竹拥农舍、翠屏烟村,极富田园情趣。玉液泉、低氡温泉的开发极大地提升了峨眉山的旅游价值。

3.生物旅游景观

"峨眉天下秀"的美称亦与峨眉山草木茂盛、四季常青有关,最具特色的有古近纪—新近纪孑遗植物珙桐(鸽子树)和桫椤;2300余种动物中以枯叶蝶、弹琴蛙、猴群最具旅游观赏价值。

4.气象旅游景观

峨眉金顶的日出、云海、佛光和圣灯有峨眉山"四大奇观"之称。

5.古迹文化旅游景观

东汉末年,道教信徒在峨眉山修建宫殿,开始了宗教活动。晋初佛教传入峨眉山。唐高祖、唐太宗推崇道教,峨眉山的道教达鼎盛。宋代佛教渐兴,至明、清两代,达于极盛,终成著名的普贤菩萨道场,位列于我国佛门的"四大圣地"之中。现今,峨眉山有报国寺、伏虎寺、清音阁、洪椿坪、仙峰寺、洗象池、金顶华藏寺、万年寺领衔的寺庙30余座。

(二)峨眉山主要景点

1.报国寺

报国寺位于峨眉山麓,海拔551 m,是峨眉山的第一座寺庙、峨眉山佛教协会所在地,是峨眉山佛教活动的中心,也是入山的门户、游峨眉山的起点。寺坐西向东,前对凤凰堡,后倚凤凰坪,左濒凤凰湖,右挽来凤亭。山门上方"报国寺"大匾由清康熙皇帝御题,王藩手书。正殿悬有"宝相庄严"匾。山门两边柱上题对联"凤凰展翅朝金阙,钟磬频闻落玉阶"。横匾题"普照禅林"和"普放光明"。大门上联语"独思喻道,敷坐说经"。

2.洗象池

峨眉山八大寺庙之一。位于峨眉山海拔2070 m的钻天坡上,由仙峰寺上行12.5km。

明时仅为一亭,称"初喜亭",后改建为庵,名初喜庵。清康熙三十八年(公元1699年)由行能禅师(号泓川老人)改建为寺。乾隆初年(公元1736年)月正和尚整修寺前钻天坡和寺后罗汉坡道路,并将寺前小池改建为六方,池畔放一石象,以应普贤菩萨洗象之说。相传普贤菩萨骑象经过时,白象曾经在水池中沐浴,故改名洗象池,又称天花禅院。洗象池风景秀美,寺周冷杉枝繁叶茂,"象池夜月"为峨眉山古十景之一。这一带常有猴群出没,僧人以慈悲之心待之,人与动物和谐相处,其乐无穷。

3.万佛顶

万佛顶是峨眉山最高峰,海拔3099 m,绝壁凌空,平畴突起,巍然屹立在"大光明山"之巅,是中国"四大佛教名山"中海拔最高、自然生态保护最好的遗产地。从金顶向西横行,是千佛顶。顶上原有寺庙,名千佛庵,今已无存。过千佛顶便是万佛顶。顶上原有寺庙,名叫文殊庵,又名清凉庵、极乐堂。建于明代正德年间,清光绪十一年(公元1885年)重建,修藏经楼,收藏经书数千册,为全山之冠。万佛顶之名,来自佛经中"普贤住处,万佛围绕"之意,晴日远眺,可见贡嘎雪山银光闪烁,云海茫茫,群峰层峦叠嶂;回望金顶,峭拔雄峻,高耸云霄,庄严神圣。

4.金顶

金顶是峨眉山景点和寺庙的汇集,是人与自然的和谐相处,是普贤行愿和人们美好心愿的融合。四面十方普贤金像矗立在金顶之上。金佛系铜铸镏金工艺佛像造像,通高48 m,总重量达660 t,由台座和十方普贤像组成。其中,台座高6 m,长宽各27 m,四面刻有普贤的十种广大行愿,外部采用花岗石浮雕装饰,十方普贤像高42m,重350 t,金佛设计完美,工艺流畅,堪称铜铸巨佛的旷世之作,具有很高的文化价值和观赏审美价值。

六、重点观察内容(山顶—山脚)

(一)雷洞坪—金顶

1.舍身崖

观察金顶峨眉山玄武岩岩性特征、玄武岩柱状石舍身崖的峭壁景观、单面山的形态特征,分析其成因。

由于构造和岩性的影响,峨眉山东侧形成峨眉平原、万年寺至观心坡、长老坪至九岭岗、洗象池至大乘寺四级平台,龙门洞、观心坡至长老坪、九岭岗至洗象池、大乘寺至金顶四级陡坎,其中以金顶的舍身崖(图10-1)陡坎高度最大、最壮观。金顶有大面积二叠纪玄武岩(图10-2)覆盖,大致东厚西薄,岩层倾角小,由于玄武岩抗侵蚀能力强,构成倾向为西北、坡度为10°~15°的单斜山顶面。而金顶东侧的古生代碳酸盐岩遭受了强烈侵蚀和溶蚀,形成高达800 m、形如刀切斧劈的直立悬崖——舍身崖。

图10-1 峨眉山舍身崖

图10-2 金顶峨眉山玄武岩

2.金顶

在金顶观日出,看佛山、云海,望雪山。由金顶向东远眺青衣江、龙门洞河及临江河,以及由它们的侵蚀和沉积作用造成的峨眉夹江复合冲积平原。

日出:天亮前,东方有点鱼肚色,地平线下射出几缕银光,由鱼肚白渐变为淡红、黄色,再逐渐变为金黄色,忽然一轮红日跳出半边,又一、二个跳跃,大如车轮,形如扁椭圆形,逐渐升高,由大变小变圆,光芒变强,大约经历20 min,甚为壮观。

佛光:上午9时前,下午3时后,天空红日高照,山下云雾茫茫,阳光自身后空中射来,身影落于崖下白云之上,可见以自己头影为中心的七色光环。

云海:峨顶三峰成弧岛,头顶之上为蓝天,红日高照,云海茫茫一片,有如铺锦展絮,光彩缤纷,有如沧海波涛,万马奔腾,千变万化,美丽壮观。

峨眉大断裂以东,高桥、青龙场以北地区新构造运动以下降为主,在凹陷的基底上堆积了第三纪以来各时代的河湖相堆积物,总厚度达300 m,形成峨眉平原。峨眉平原面积约200 km²,海拔400~490 m,大致以峨眉河为界,以北主要由峨眉河及其支流双福河、粗石河冲积而成的近代冲积平原。峨眉河以南则为不同时代的洪积—冲积扇。

3.沿途

沿途由于海拔高,峨眉山植被垂直分布差异明显,海拔2500 m以上为亚高山针叶林。

针叶树种为峨眉冷杉,林下多箭竹(图10-3)。但此类别在山顶部全遭破坏,目前大面积分布的是次生的以箭竹为主的亚高山草甸。

图10-3　峨眉山亚高山针叶林(冷杉和林下箭竹)

(二)金顶—仙峰寺

1.沿途

观察二叠系、奥陶系、寒武系各组地层的主要岩性特征,确定地层层序(参考附表)。

2.雷洞坪

观察发育在二叠系阳新灰岩中的峰林;观察针阔混交林的群落特征。

峨眉山分布有大面积的可溶性碳酸盐岩层,经长期的淋滤溶蚀,形成了千姿百态的喀斯特景观。峰林是成群分布的石灰岩山峰,山峰基部分离或微微相连。

海拔2100~2500 m为山地针阔叶混交林。该群落落叶树种以鹅耳枥、槭树、桦树为主。针叶树则以峨眉冷杉占绝对优势,另有铁杉。林下多方竹、箭竹、杜鹃等树林。

3.大乘寺

找到二叠系阳新统灰岩与奥陶系大乘寺组页岩的分界线。

4.洗象池

找到奥陶系罗汉坡组与寒武系洗象池群的分界线。

5.遇仙寺

观察洗象池峭壁石景;近观常绿—落叶阔叶混交林的外貌。

峨眉山保存了典型的亚热带植被类型,具有原始的、完整的亚热带森林垂直带谱,从低至高由常绿阔叶林—常绿落叶阔叶混交林—针阔混交林—亚高山针叶林形成,构成了生态多样的峨眉山自然景观。

海拔1800~2100 m为山地常绿、落叶阔叶混交林。群落外貌为深绿(常绿树种)和鲜绿(落叶树种)混杂。常绿树种以峨眉栲、全苞石栎为主;落叶树种以鹅耳栎、槭树、桦树为主外,特别引人注意的是具有大量的珙桐、连香、水青树、领春木等孑遗植物。

6.仙峰寺

注意寻找寒武系麦地坪组与震旦系洪椿坪组的分界线;了解第三纪孑遗植物珙桐的分布特点;观察落叶阔叶与常绿阔叶混交林群落特征。

图10-4 峨眉山珙桐

珙桐为落叶乔木。可生长到15~25 m高,叶子广卵形,边缘有锯齿。本科植物只有一属两种,两种相似,只是一种叶面有毛,另一种光叶珙桐是光面。色花奇美,是1000万年前新生代第三纪留下的孑遗植物。在第四纪冰川时期,大部分地区的珙桐相继灭绝,只有在中国南方的一些地区幸存下来。珙桐喜欢生长在海拔1500~2200 m的润湿的常绿阔叶落叶阔叶混交林中。多生于空气阴湿处,喜中性或微酸性腐殖质深厚的土壤,在干燥多风、日光直射之处生长不良,不耐瘠薄,不耐干旱。幼苗生长缓慢,喜阴湿,成年树趋于喜光。多分布在深切割的山间溪沟两侧,山坡沟谷地段,山势非常陡峻,坡度约在30°以上。

峨眉山珙桐分布于仙峰寺、初殿一带,生长海拔为1700~1800 m。

(三)仙峰寺—洪椿坪—清音阁—五显岗

1.仙峰寺至洪椿坪

观察震旦系洪椿坪组白云岩岩性特征,进一步观察常绿—落叶阔叶混交林和常绿阔叶林带。麦地坪段:浅灰色至深灰色薄—中层状含胶磷矿条带的白云岩,夹硅质白云岩及硅质岩,厚度约为38 m。

猫儿岗段:主要为浅灰色中—厚层状白云岩,夹大量硅质条带及硅质层,具鸟眼构造;含蓝藻类、花纹石、层状叠层石,厚度约为320 m。

余山段:具有花斑状、层纹状、条带状、葡萄状及肾状等特殊构造的白云岩。

张沟段:下部为细晶白云岩、砂砾屑白云岩,上部为泥晶膏质白云岩及内碎屑白云岩。

海拔1600~1800 m为偏干性常绿阔叶林。该类型建群种以较耐寒的壳斗科的峨眉栲、全苞石栎为主。

海拔1600 m以下为偏湿性常绿阔叶林。该类型建群种以樟科的桢楠、壳斗科的小叶青冈、交让木科的交让木等为主,种类极其丰富。特别是在900 m以下的沟谷,因热量条件优越,则多榕属、梧桐科、木本蕨类—桫椤等热带的成分。

2.洪椿坪至红桥

观察震旦系白云岩、峨眉山花岗岩、二叠系阳新灰岩的岩性特征和接触关系,分析观心坡断层存在的依据,判断断层的性质,估计断层的地层断距。

观心庵断层规模较峨眉山断层小,南东起于新开寺,经纯阳殿、观心坡至脚盆坝,全长约18 km。在黑龙江栈道南侧至观心坡间,峨眉山花岗岩上震旦统白云岩直接掩覆于二叠系和三叠系地层之上,断距几乎与峨眉山断层相当,但两端断距很快减小。断层面以高角度向南及南西方向倾斜,倾角65°~75°。南西盘相对上升,表现为逆断层。

3.一线天

描述一线天峡谷的高度、宽度、形态、地层岩性及时代,分析其成因。

以龙门硐口为界,龙门硐口的上、中游以峡谷型河流景观为主,比较著名的就是龙门硐峡谷和一线天峡谷。一线天峡谷位于清音阁之南1 km,出露基岩为中二叠统灰岩,因峨眉山断块的快速上升和黑龙江水流的强烈下蚀而形成悬崖耸峙,峡谷幽深,天仅一线的奇绝景观。

思考题

1.峨眉山有哪些典型的地质构造?

2.峨眉山有哪些主要的地貌形态?

3.简述峨眉山地质构造的发展历史。

4.试分析峨眉山地区气候的垂直分异特征。

5.简述峨眉山的气温及降水特征。

6.简述峨眉山土壤的垂直分布特征及其形成原因。

7.简析峨眉山土壤的隐域性特征。

8.简述峨眉山地区地带性植被的分布规律及其主要植被特征。

9.简述峨眉山的主要旅游资源特色。

10.峨眉山景区建设存在哪些问题,试提出解决措施。

11.分析峨眉山地区的人地关系历史演变、现状及其存在的问题。

参考文献

[1] 陈晓慧,陆廷清.峨眉山地区地质实习与考察指南[M].北京:石油工业出版社,2009.

[2] 林众,刘斌,丁勇.中华旅游通典[M].北京:社会科学文献出版社,2004.

[3] 张洪.中学教师实用地理辞典[M].北京:北京科学技术出版社,1989.

[4] 王运生,王登攀,王奖臻,等.峨眉断块山的形成[J].南水北调与水利科学,2013(11):111-113,121.

[5] Bureau of Geology and Mineral Resources of Sichuan Province. Geological Map of Emei in Scale of 1:200000[Z]. Chengdu: Bureau of Geology and Mineral Resources of Sichuan Province, 1971.

[6] 刘仲兰,李江海,姜佳奇,等.四川峨眉山地质遗迹及其地学意义[J].地球科学进展,2015,30(06):691-699

[7] 万天丰,朱鸿.古生代与三叠纪中国各陆块在全球古大陆再造中的位置与运动学特征[J].现代地质,2007(1):113.

[8] Mattauer M, Matte P, Malavieille J, et al. Tectonics of the Qinling belt: Build-up and evolution of eastern Asia[J].Nature, 1985, 317(6037):496-500

[9] Zhao X, Coe RS. Palaeomagnetic constraints on the collision and rotation of North and South China[J].Nature, 1987, 327(6118):141-144.

[10] Yin A, Nie S. An indentation model for the North and South China collision and the development of the Tan-Lu and Honam fault systems, eastern Asia[J].Tectonics, 1993, 12(4):801-813.

[11] 邓江红，张燕，邓斌.峨眉山地质认识实习教程[M].北京:地质出版社.2012.

[12] 何太蓉，郭跃.四川盆地及其邻区地理学野外综合实习指导教程[M].北京:科学出版社.2017.

[13] 李雪飞.峨眉山旅游环境承载力研究[D].乐山市:西南交通大学，2006.

[14] 王仕中.峨眉山生态环境与土壤发育[J].内江师专学报，1993(02):34—40.

[15] 苟娇娇，秦子晗，刘守江，等.基于NDVI的近30年植被覆被变化及垂直分异研究——以峨眉山自然风景区为例[J].资源开发与市场，2014(08):921-925.

附表

峨眉山实习区地层简表[①]

年代地层			岩石地层	代号	厚度/m	岩性组合
新生界	第四系			Q	0~130	冲积、洪积、残积、冰水堆积物
	新近系	上新统	凉水井组	N_2l	135	半胶结的砾石层、粉砂质黏土层;产植物化石;与下伏底层角度不整合接触;河流相
	古近系	始新统	名山组	$E_{1-2}m$	150	砖红色中—厚层砂岩为主,下部夹薄层泥岩,上部夹粉砂岩及细砂岩;产介形态及孢粉化石;与下伏地层为整合接触;半咸化湖泊相
		古新统				
中生界	白垩系	上统	灌口组	K_2g	423	砖红色、紫红色中—厚层粉砂层、泥岩,岩石中含大量石膏晶粒、膏盐晶洞,具有水平层理、小型斜层理;产介形类化石;上部夹少量灰岩、白云岩及薄层石膏;与下伏地层为整合接触;咸化湖泊相
		下统	夹关组	K_1j	<453	砖红色厚—块状砂岩夹粉岩及薄岩泥层,底部具层间砾岩,具大型交错、平行、槽形层理、波痕、泥裂及冲刷面构造;产介形虫、鱼、恐龙足迹化石等;与下伏地层为整合接触;河流相
			天马山组	K_1t	260~370	以棕红、砖红色泥岩、砂质泥岩为主,夹同色含长石石英砂岩或钙质砂岩,夹层以该组下部出现较多,局部具底砾岩;含介形虫:Cypridea sp., Mongolianella sp.,等;与下伏地层为平行不整合接触;河湖相
	侏罗系	上统	蓬莱镇组	J_3p	90	以紫红色泥岩为主,夹粉砂岩及少量细砂岩,偶夹灰岩团块或薄层,发育微波状层理;产双壳类、介形虫为主的化石;与下伏地层整合接触;湖泊相

---

① 本表据《四川省岩石地层》(四川省地矿局,1997)和《峨眉山地区地质认识实习指导书》(邓江红,2009)修改

年代地层			岩石地层	代号	厚度/m	岩性组合
中生界	侏罗系	上统	遂宁组	J_3s	370	鲜艳的砖红色泥岩为主,夹少量砂岩、粉砂岩及薄层泥灰岩,泥裂发育;产介形类化石;与下伏地层整合接触;河泛平原河漫滩相
		中统	沙溪庙组 上段	J_2s^2	398	紫灰、灰绿、紫红色砂岩、粉砂岩、泥岩的旋回层,上部夹少量泥灰岩。底部为厚约10 m的灰黄色厚层砂岩,见斜层理、楔形层理、平行层理等;与下伏地层整合接触;河流相
			沙溪庙组 下段	J_2s^1	178	灰绿、灰黄、紫红色砂岩、粉砂岩、泥岩的旋回层。底部有20 m厚的灰白色厚层砂岩,顶部为含叶肢介化石的泥岩(湖泊相),具斜层理、平行层理等;与下伏地层平行不整合接触;河流相
		下统	自流井组	$J_{1-2}z$	211	黄灰、绿灰、紫红色砂岩、粉砂岩、泥岩的旋回层,中上部夹薄层泥灰岩,底部为厚0.25 m的砾岩,具水平、波状层理,产介性类、植物化石;与下伏地层平行不整合接触;湖泊相
	三叠系	上统	须家河组	T_3x	699	中上部可分五段,二、四段以泥岩为主,具多层可采煤层,产双壳类、植物化石,沼泽相;其余段灰、黄灰色砂岩、粉砂岩、泥岩的旋回层,底有厚约0.5 m的硅质细砾岩,河流相。下部灰深灰色砂岩、粉砂岩、碳质页岩及劣质煤炭层或煤线的旋回层,与底部间厚层硅质石英砂岩;产双壳类及植物化石;滨海—滨岸沼泽—河流相。底部深灰色、灰黑色薄—中层灰岩,泥灰岩与泥岩或页岩的韵律层覆于硅质细砾岩之上;产双壳类、菊石等化石;与下伏地层整合接触;海相
		中统	雷口坡组	T_2l	450	底部浅绿、灰白色水云母粘土层("绿豆岩")、云泥岩、纹层状及中层状白云岩,中部以灰岩为主,上部为白云岩、含石膏白云岩夹膏溶角砾岩,具斜层理,微波状、微细水平层理和鸟眼构造等;产腕足类、海百合茎化石,与下伏地层整合接触;咸化泻湖相

续表

年代地层			岩石地层	代号	厚度/m	岩性组合
中生界	三叠系	下统	嘉陵江组	T_1j	190	下部黄灰色白云岩夹灰泥岩,中部为灰紫色灰岩及泥灰岩,上部以黄灰色白云岩为主,夹紫红色膏溶角砾岩,具潮汐层理、渠迹、鸟眼及格子状构造等;产双壳类、腕足类及遗迹化石等;与下伏地层整合接触;海相
			飞仙关组	T_1f	90	灰白色灰岩与紫红色砂岩、粉砂岩、泥岩的旋回层,顶部为含玉髓砾石的砂岩、粉砂岩、泥岩的旋回层,具潮汐、包卷层理、重荷模、泥裂、波痕及缝合线构造等;产双壳类、腕足类及遗迹化石,与下伏地层整合接触;河口湾相
			东川组	T_1d	200	主要为紫红色砂岩、粉砂岩及泥岩的旋回层,具大型板状、槽形、平行层理,冲刷面、波痕、泥裂等;未见化石;与下伏地层整合接触;河流相
古生界	二叠系	上统	宣威组	P_3x	96	紫红、灰绿、黄绿等色的砂岩、粉砂岩、泥岩及煤线的旋回层,底部为玄武岩的古风化壳,含少量铜、铁、铝土矿等,具斜层理、冲刷面等构造;产植物化石;与下伏地层平行不整合接触;沼泽—河流沼泽相
			峨眉山玄武岩组	P_3e	258	深灰色微晶、隐晶、斑状、杏仁状等玄武岩旋回层,具柱状节理,底部有厚约1 m的铝土质黏土层、泥岩、炭质页岩夹煤线等;产植物及腕足类化石;与下伏地层平行不整合接触;陆相喷发—滨海沼泽相
		中统	茅口组	P_2m	195	深灰色、灰色中层—块状灰岩为主。夹薄层泥灰岩,含燧石条带或结核,灰岩中普遍含沥青质;产珊瑚、腕足、蝬及苔藓虫化石;与下伏地层整合接触;海相
			栖霞组	P_2q	92	以灰、深灰色中层—厚层状灰岩为主,夹少量泥灰岩,上部含燧石结核;灰岩中普遍含沥青质产珊瑚、腕足、蝬及苔藓虫化石;与下伏地层整合接触;海相

年代地层			岩石地层	代号	厚度/m	岩性组合
古生界	奥陶系		梁山组	P_2l	>1	主要为灰、灰黑色页岩、泥岩,夹少量砂岩及粉砂岩,局部夹煤线;产腕足类化石;含星散状黄铁矿;与下伏地层未见直接接触;滨海沼泽相
		下统	大乘寺组	O_1d	80~167	灰绿、黄灰色页岩,泥质粉砂岩夹细砂岩;产丰富的三叶虫、笔石化石,未见顶;与下伏地层整合接触;路棚相
			罗汉坡组	O_1l	77~131	下部为杂色白云岩、灰岩与砂岩互层,上部为杂色砂岩、砂质泥岩;化石带自下而上分为笔石 Rhabdinoporaflabelliformis 延限带,三叶虫 Wanliangtingia—Loshanella loshanensis FA Chunkiangaspis sinensis—Lohanpopsisapoensis 组合带及头足类 Cameroceras 延限带;与下伏地层整合接触;陆棚—滨浅海相
	寒武系	上统	洗象池群	$\epsilon_{2-3}X$	193~282	灰、浅灰色薄—厚层状粉晶白云岩,局部夹石英砂岩透镜体及硅质结核;含藻类化石;与下伏地层整合接触;潮坪相
		中统	西王庙组	ϵ_2x	7~16	紫红色泥质粉砂岩,白云质粉砂岩夹白云岩,局部夹石膏薄层;与下伏地层整合接触;湖坪相
			陡坡寺组	ϵ_2d	14~45	下部为杂色粉砂岩、泥岩夹粉晶白云岩,上部为灰黄色薄—中厚层状泥岩白云岩与砂质白云岩互层,顶部为灰绿色页岩、粉砂岩;与下伏地层整合接触;陆棚相
		下统	龙王庙组	ϵ_1l	64~119	浅灰白色含陆屑的砂泥质白云岩夹数层碎屑岩,时有膏盐层;与下伏地层整合接触;咸化浅海相
			沧浪铺组	ϵ_1c	95~106	下部杂色长石岩屑砂岩、白云质粉砂岩、粉砂质泥岩不等厚互层,上部含砾岩屑砂岩,顶部粉晶—砂屑白云岩;产 G 为 rvanella sp.;与下伏地层整合接触;咸化浅海相

续表

年代地层			岩石地层		代号	厚度/m	岩性组合
古生界	寒武系	下统	筇竹寺组		$\epsilon_1 q$	250~334	灰、黄绿色泥质粉砂岩、粉砂岩;上部产丰富的三叶虫化石;与下伏地层平行不整合接触;还湾—陆棚相
			麦地坪组		ϵ_{1m}	35~38	下部为灰、深灰色薄—中层状砂屑白云岩夹硅质白云岩及胶磷矿条带,局部夹磷块岩,上部灰、深灰色中厚—厚层状细晶白云岩及含胶磷矿砾屑不等晶白云岩夹少量水云母黏土层;与下伏地层整合接触;低—中能潮坪海湾相
新元古界	震旦系	上统	灯影组		Z_2d	869~942	灰白、浅灰色内碎屑、亮晶、粉晶白云岩为主,中部富含藻化石,底部为黑灰色厚—巨厚层角砾状细晶白云岩;与下伏地层整合接触;潮坪相
		下统	观音崖组		Z_1g	41~48	下部为灰白色白云质石英细沙岩与中厚层白云岩互层,底部含砾石英砂岩,上、中部为浅灰色薄—中厚层状白云岩、藻屑白云岩,上部夹薄层炭屑白云岩;与下伏地层角度不整合接触;潮坪相
	南华系	上统	开建桥组		Nh_2k	2861	下部以紫红、紫灰色砂质凝灰岩为主,夹灰蓝色流纹质玻屑凝灰岩、砂砾岩等,上部以灰紫、绿灰色含砾砂质凝灰岩、凝灰角砾岩、流纹质玻屑凝灰岩及凝灰质长石岩屑砂岩为主,夹凝灰质粉砂岩;含 Trematosphaeridiurn, Trachyminrcscula, Leiopsophasphaera 微古植物化石;与下伏地层整合接触;陆缘裂谷火山岩—滨岸相
		下统	苏雄组		Nh_1s	1164	下部灰绿色凝灰岩夹少量玄武岩及英安岩,中部以中酸性熔岩为主,上为沉凝灰岩和玄武岩;含 Trematoshaeridium, Palyporata, Lignurn 微古植物化石;与下伏峨边群角度不整合接触;陆缘裂谷火山岩相
中元古界			峨边群	茨竹坪组	Pt_2cz	400~1500	以深灰色中层—块状变质石英砂岩、粉砂岩及板岩不等厚互层为主,夹变质砾岩、碳质板岩;含微古植物化石;与下伏地层整合接触;陆棚相

年代地层			岩石地层	代号	厚度/m	岩性组合
中元古界			烂包坪组	Pt₂lb	320~400	下部为绿、绿灰色酸性—基性岩屑晶凝灰岩、砂砾质凝灰岩、凝灰质砾岩及变质玄武岩不等厚互层,底部为砾岩,砾石成分除大量基性火山岩外,还见有下伏地层的白云岩、板岩等,分选性及磨圆度均差;上部为浅绿、紫灰、紫红色变质杏仁状、致密状、斑状玄武岩和玄武质凝灰岩;与下伏地层平行不整合接触;陆缘火山岩相
			枷担桥组	Pt₂jd	550~1100	灰、灰白色硅化白云岩,灰黑色板岩夹灰岩,灰绿色板岩;与下伏地层整合接触;潮坪相
			桃子坝组	Pt₂tz	>1733	黑色板岩—灰绿色安山质火山岩,深灰色板岩夹白云岩,与紫灰、浅绿色安山玄武质火山岩溶和火山碎屑岩组成两个沉积—火山旋回,未见底;陆海过渡相